测量原理与测量误差数据处理实验教程

王光明　胡　梅　朱凌晓　周　超 ◎ 编著

U0340216

国防科技大学出版社
·长沙·

图书在版编目（CIP）数据

测量原理与测量误差数据处理实验教程/王光明等编著 . —长沙：
国防科技大学出版社，2024.1
　ISBN 978 - 7 - 5673 - 0635 - 6

　Ⅰ. ①测⋯　Ⅱ. ①王⋯　Ⅲ. ①测量误差—高等学校—教材　②测
量—数据处理—高等学校—教材　Ⅳ. ①P207

中国国家版本馆 CIP 数据核字（2023）第 243232 号

测量原理与测量误差数据处理实验教程
CELIANG YUANLI YU CELIANG WUCHA SHUJU CHULI SHIYAN JIAOCHENG

王光明　胡　梅　朱凌晓　周　超　编著

责任编辑：刘璟珺
责任校对：邹思思
出版发行：国防科技大学出版社　　　　地　　址：长沙市开福区德雅路 109 号
邮政编码：410073　　　　　　　　　　电　　话：(0731) 87028022
印　　制：国防科技大学印刷厂　　　　开　　本：710×1000　1/16
印　　张：12.75　　　　　　　　　　　字　　数：229 千字
版　　次：2024 年 1 月第 1 版　　　　　印　　次：2024 年 1 月第 1 次
书　　号：ISBN 978 - 7 - 5673 - 0635 - 6
定　　价：46.00 元

前　言

实践环节是测控技术与仪器专业课程体系中非常重要的组成部分，强化实践能力训练，突出理论联系实际，提升学生工程创新能力是当前专业工程教育改革的重点之一。实验是学生理论联系实际的主要形式，综合性实践课题是培养学生工程能力和创新意识的有效模式。

根据测控技术与仪器专业宽口径、综合性人才培养目标和计量技术方向人才出口定位，本书针对该专业"测量原理"和"误差理论与数据处理"两门核心专业课程进行了课内基础性实验和课外综合性实验设计，以及实验内容编排。实验内容较多，不一定要求全做，可根据时间和条件，选做其中内容。

全书共7章，其主要内容分别如下：

第1章，概述。介绍测控技术与仪器专业"测量原理"和"误差理论与数据处理"课程实验教学目标和内容体系。

第2章，测量原理基础实验。介绍"测量原理"课程的3个实验，包括测量的有效性分析与计算实验、超声波测速实验、测量计算与误差综合实验。

第3章，误差理论与数据处理基础实验。介绍"误差理论与数据处理"课程的5个实验，包括等精度测量结果的数据处理实验、误差的合成与分配实验、组合测量的最小二乘处理实验、一元线性回归分析实验和蒙特卡洛法评定测量不确定度实验。

第 4 章，测量原理与测量不确定度评估综合实践。介绍从测量原理、最佳测量方案设计、测量数据处理、测量不确定评估等方面设计安排的综合实践课题，以及测量不确定度评估示例。

第 5 章，实验仪器仪表。介绍课程实验常用仪器仪表的性能及使用方法，包括数字万用表、函数信号发生器、数字示波器、LCR测试仪、接收机、声速测量实验系统等。

第 6 章，实验仿真软件。介绍课程实验和综合实践常用软件工具使用方法及其在测量原理实验和测量误差数据处理实验中的应用，包括 MATLAB、LabVIEW、BDSim 等。

第 7 章，设计性实验程序与实验报告撰写。介绍设计性实验程序、实验报告的书写规范、测量结果及其不确定度报告。

本书由王光明、胡梅、朱凌晓、周超编写，王光明、胡梅统稿。本书的编写得到国防科技大学相关教研室及研究中心全体教职员工的大力支持和帮助，他们不辞辛苦验证了书中绝大多数实验，编辑和录入文稿和图表。杨俊教授、颜树华教授对本书也提出了宝贵的修改意见。在本书编写过程中还参阅了很多文献和网络资料，在此谨向大家一并致以衷心感谢。

由于作者水平有限，书中难免有疏漏和不妥之处，恳请广大读者批评指正。

编　者

2023 年 10 月

目　录

第1章　概　述

实验教学是测控技术与仪器专业人才培养的重要组成部分，是培养学生实践能力和综合素养的重要途径，与理论教学有同等重要地位，在培养创新精神与实践动手能力方面有着理论教学不可替代的特殊作用。"测量原理"和"误差理论与数据处理"作为测控技术与仪器的专业核心课程，实践环节是其教学目标和内容体系中非常重要的组成部分，与理论教学既密切联系，又相对独立。课程实践的目的是使学生掌握各种常用仪器、设备的使用方法及各种测试手段，加深对所学理论的理解；掌握科学实验、数据处理、误差分析的方法，培养理论联系实际、独立思考、分析和解决实际问题的能力。如能很好地发挥这一环节的作用，将有助于加深学生对测量、误差、测量不确定度等概念、原理和规律的理解，更有助于学生创新思维的训练和实践动手能力的培养，将对学生综合能力的提升起到至关重要的作用。

1.1　"测量原理"课程实验教学目标和内容体系

"测量原理"是测控技术与仪器专业的一门学科基础必修课程。该课程主要从"抽象"与"理论"两个过程（学科形态）传授知识与技能。在"抽象"方面，选择测量领域中的典型实例，通过形式化的数学物理方程，将仪器学科范围内各种有关测量的"技术语言"最大限度地统一为"数学语言"，使学生掌握测量的核心概念与形式化方法；在"理论"方面，围绕测量的可行性与有效性，使学生掌握分析和解决测量问题的数学方法，为学生在测量、测控两方面提供基本的理论知识，也可以为仪器类技术知识的学习打下良好基础，使学生掌握基本的对象认知能力，并为技术综合能力（需求分析）、实验技能（实验设计）两方面的培养打下理论基础。

1. 课程知识目标

通过本课程的教学及实践，学生应具备的知识与能力目标如下。

本课程的知识目标主要包括以下主要的知识单元：测量的基本概念；测量的数学物理模型——测量信号、测量方程、测量算子、测量噪声和测量误差；测量的有效性分析——测量信号的波形值、测量信号的区别度、测量信号的灵敏度、测量误差上界；测量中的计算方法——普适性测量算子基本算法、普适性测量算子快速算法、普适性测量算子应用；测量系统——概念和性质、测量链及其抽象结构、控制链及其抽象结构、误差链及其综合公式；测量的科学技术方法论。学生应了解、熟悉或掌握不同知识单元的具体内容，达成课程标准的相应要求。

本课程围绕测量学的三大基本问题——量值的存在性、量值的可测性和量值的确定性问题展开，将测量原理的核心知识点分为两个方面——基本概念和基本操作。基本概念包括五个名词——量值、信号、算子、误差和系统。基本操作包括三个动词——分析、计算和设计。要求学生基于测量学的三大基本问题熟练掌握测量原理的五个基本概念和三个基本操作，深刻理解知识内涵，初步具备测量方法论思维。

2. 课程实验目标

课程实验是"测量原理"课程的重要组成部分，目的是让学生理解测量信号模型、灵敏度、区别度等概念，掌握测量信号的灵敏度、区别度等数值特征的计算方法，熟悉测量的有效性分析方法和基本程序结构，了解几种典型测量信号模型的数值特征；掌握测量实验设计、测量操作设计方法，掌握测量信号样本获取方法，熟悉实际测量信号特征，理解结构关系、环境条件等概念及其影响，了解有关仪器的操作使用方法；掌握量值检测的基本方法，熟悉利用普适性测量算子和匹配滤波器算子从测量信号样本中提出被测量值；学会使用 MATLAB 对测量信号进行分析，对实验数据进行处理，分析误差来源和影响。

1）技术目标

（1）会正确使用基本实验仪器，软硬件联调；

（2）会使用 MATLAB 软件工具处理测量数据；

（3）会编程计算典型测量信号的数值特征；

（4）会根据实验仪器及模块搭建测量系统；

（5）会使用上位机软件产生发送信号，采集接收信号；

（6）会编程实现测量算子求解量值；

（7）会撰写仿真和实测实验报告；

（8）（拓展）了解卫星导航定位系统距离测量与定位原理。

2）能力目标

培养学生从理论分析到实践操作的能力、解决实际测量问题的能力、创新能力及团队协作能力，包括以下几个方面：

（1）对理论测量信号进行仿真建模的能力；

（2）对实际测量系统优化实现的能力；

（3）科学记录实验过程并分析实验结果的能力；

（4）实测实验中发现问题和解决问题的能力；

（5）团队协作能力。

3. 课程实验内容体系

"测量原理"课程内容包括测量的基本概念、测量的数学物理模型、测量的有效性分析、测量中的计算方法和测量系统五章，抽象为量值、信号、算子、误差和系统五个基本概念，以及设计、分析和计算三个基本操作。三个基础实验——测量的有效性分析与计算实验、超声波测速实验、测量计算与误差综合实验，涵盖了量值解算、信号设计、算子编程、误差分析和系统搭建多个环节，覆盖了需要学生掌握的基本概念和基本操作，以加深学生对所学理论的理解和应用。课外综合实践，以卫星导航为背景，将卫星导航定位系统距离测量与定位测量分为虚拟仿真实验、基于 CPCI 总线的卫星模拟信号自动采集与回放实验、接收机实测实验三个环节，将测量原理的知识应用拓展到空间仪器应用领域，有效衔接课堂理论到实际应用。学有余力的学生根据自身兴趣在教师指导下，根据给定的实验任务和实验条件，从卫星导航理论入手，从仿真到实测再到计算，自己加以实现并对实验结果进行分析处理，撰写实验报告，以开阔视野，提升学以致用、分析解决工程实际问题的能力。课程实验内容体系如图 1.1 所示。

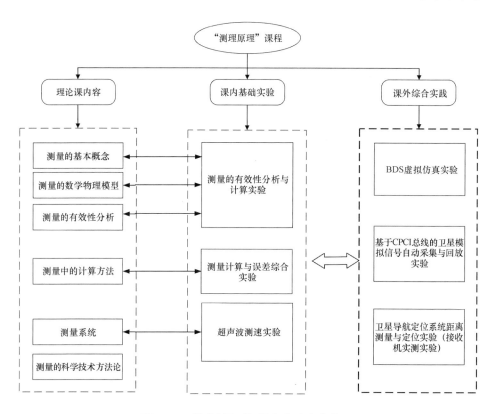

图 1.1 "测量原理"课程实验内容体系

1.2 "误差理论与数据处理"课程实验教学目标和内容体系

"误差理论与数据处理"是测控技术与仪器专业的一门学科基础必修课程。其目的在于使学生通过本课程的学习,了解并掌握测量误差与测量精度相关的基本知识,掌握测试与实验数据处理的基本理论与方法,正确估计被测量的值,科学客观地评价测量结果,并根据测试对象的精度要求,合理组织测量方案、正确设计和使用测试仪器设备,为后续专业课程及从事测试、计量等相关实际工作奠定基础。

1. 课程知识目标

通过本课程的教学及实践，学生应具备的知识与能力目标如下。

本课程的知识目标主要包括以下主要的知识单元，即误差的定义、分类、表示，发现与消除误差的方法，误差的性质与处理，误差的合成与分配，测量不确定度，测量数据的最小二乘法处理及回归分析，以及动态测试误差的基本知识。学生应熟悉、了解或掌握不同知识单元的具体内容，达成课程标准的相应要求。

2. 课程实验目标

课程实验是"误差理论与数据处理"课程的重要组成部分，目的是让学生通过实际测量问题，了解测量过程中误差的发现及处理方法，掌握误差的基本特性及其处理方法，掌握测量不确定度评定的步骤，会书写不确定度报告。通过对实验数据的分析、整理，培养学生创新思维和编写实验报告、处理一般工程设计技术问题的初步能力及实事求是的科学态度。

1）技术目标

（1）基本测试仪器使用；

（2）会使用一种软件工具（MATLAB/Excel/LabVIEW）处理测量数据；

（3）会对等精度测量列测量数据进行误差分析与处理；

（4）会进行最佳测量方案的设计和选择确定实验仪器准确度等级；

（5）会应用最小二乘法对组合测量数据进行处理，并进行最小二乘精度估计；

（6）会对实际问题进行一元线性回归直线拟合，并对回归方程进行方差分析、显著性检验等各种统计检验；

（7）会撰写测量不确定度评定报告；

（8）（自学，拓展）了解蒙特卡洛法评定测量不确定度。

2）能力目标

培养学生分析和解决现实问题的能力、创新能力及团队协作能力，包括以下几个方面：

（1）对实际问题进行分析建模的能力；

（2）实验最佳方案设计能力；

（3）应用实验结果反馈和解决问题的能力；

（4）实验中探寻知识能力；

（5）团队协作能力。

3. 课程实验内容体系

"误差理论与数据处理"课程内容包括误差的基本性质与处理、误差的合成与分配、测量不确定度、线性测量的最小二乘处理、回归分析、动态测试数据处理的基本方法等六个知识模块，对应每一模块分别设计了基础实验，以加深对所学理论的理解和应用。课外综合实践，从经典工程案例中设计编写了五个实践项目，内容涉及课程的综合知识或综合运用的实验方法、实验手段，学生在教师指导下，根据给定的实验任务和实验条件，自行设计实验方案、确定实验方法、选择实验仪器、拟定实验操作程序，自己加以实现并对实验结果进行分析处理，撰写实验报告，以提升和加强分析解决工程实际问题的能力。课程实验内容体系如图1.2所示。

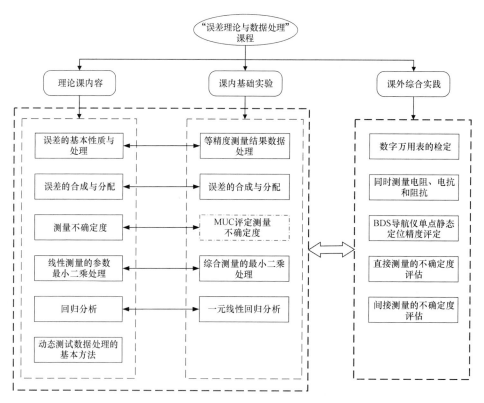

图1.2　"误差理论与数据处理"课程实验内容体系

第 2 章　测量原理基础实验

本章主要介绍"测量原理"课程的 3 个实验，分别为测量的有效性分析与计算实验、超声波测速实验、测量计算与误差综合实验。

2.1　测量的有效性分析与计算

1. 实验目的

1）通过实验，理解测量信号模型、灵敏度、区别度等概念，掌握测量信号的灵敏度、区别度等数值特征的计算方法，熟悉测量的有效性分析方法和基本程序结构，了解几种典型测量信号模型的数值特征。

2）学会使用 MATLAB 对测量信号进行分析计算，为实验 2.2、实验 2.3 准备条件。

2. 实验内容及要求

1）测量信号模型的特征量计算

（1）计算测量信号的幅度值 A_{mp} 和平均功率值 P_g；

（2）计算测量信号的区别度，包括单点区别度 $GV(v)$（曲线）、全局区别度 GV 值和相对区别度 GV_R 值，并列表或绘出数值曲线；

（3）计算测量信号的灵敏度，包括单点灵敏度 $GK(v)$（曲线）、全局灵敏度 GK 值、相对灵敏度 GK_R 值、最小平均灵敏度 GKM 值，列表或绘出数值曲线，并验证灵敏度中的序关系。

2）实验条件设置

本次实验所设置的测量信号模型如表 2.1 所示。其中，广义调幅信号模型和双频信号模型为必做内容，线性调频信号模型和二元多项式信号模型为选做内容。当对二元多项式信号模型进行测量的有效性分析时，取样点数 N 依次为 2^n，$n = 1$，2，…，16，试计算不同取样点数下信号模型的特征量，分析测量的有效性。

表 2.1 四类典型测量信号模型

信号模型类型	理论测量信号表达式	参数设置
广义调幅信号模型	$$\begin{cases} g(t;v) = A_0(v) + A_1(v)\cos(2\pi t) + A_2(v)\sin(2\pi t) \\ A_m(v) = \sum_{k=0}^{8} a_{mk}v^k \\ v \in [0,3], t \in [0,2] \end{cases}$$	a_{mk} 参见数据光盘 量值间隔：0.01 采样间隔：0.01
双频信号模型	$$\begin{cases} g(t;v) = \cos[2\pi f_1(t-v)] + \cos[2\pi f_2(t-v)] \\ v \in [0.06, 0.15]\,\mathrm{ms}, t \in [0.2, 0.4]\,\mathrm{ms} \end{cases}$$	$f_1 = 840$ kHz $f_2 = 850$ kHz 量值间隔：0.1 μs 采样间隔：0.1 μs
线性调频信号模型	$$\begin{cases} g(t;v) = \cos(2\alpha vt + \Omega_0 v - \alpha v^2) \\ v \in [0.12, 0.15]\,\mathrm{ms}, t \in [0,2]\,\mathrm{ms} \end{cases}$$	$\alpha = \pi \times 10^6\,\mathrm{rad/s^2}$ $\Omega_0 = \pi \times 10^7\,\mathrm{rad/s}$ 量值间隔：0.1 μs 采样间隔：0.1 μs
二元多项式信号模型	$$\begin{cases} g(t;v) = \sum_{m=0}^{8} A_m(v)t^m \\ A_m(v) = \sum_{k=0}^{3} b_{mk}v^k \end{cases}, v \in \left[0, \frac{99}{100}\right], t \in \left[0, \frac{N-1}{N}\right]$$	b_{mk} 见数据光盘 量值间隔：0.01 采样间隔：1/N N 表示取样点数

注：广义调幅信号模型参数 a_{mk} 和二元多项式信号模型的参数 b_{mk} 的数据存于数据光盘之中。在实验过程中会对实验者进行编号，各实验者根据自己的编号从数据光盘中读取数据。

3. 实验要求

1）仔细阅读实验指导书，熟悉实验内容；

2）实验者根据自己的编号读取实验数据；

3）做好实验记录，保存实验程序；

4）按要求撰写实验报告。

4. 实验原理

给定若干种典型测量信号模型及其测量要素，根据测量信号灵敏度、区别度的定义式，设计数据结构和算法程序结构，用 MATLAB 或 C 语言编程实现分析计算程序，观察灵敏度、区别度的数值与信号模型及其参数之间的关系，归纳得出分析结论。

在《测量原理》（清华大学出版社，2012 年 10 月第 1 版）教材第 85 至

102 页详细阐述了测量信号的数量特征分析方法，包括测量信号区别度分析、灵敏度分析，本次实验主要定量计算测量信号的区别度和灵敏度。

1）区别度定义及计算

考虑某个一维量值及其测量信号，假设 $V = [V_a, V_b]$，以 $v_0 \in V$ 为参考点，其距离函数 $\rho(v_0, v)$ 如图 2.1 所示。在 $v = v_0$ 点，$\rho(v_0, v) = 0$ 为最小值点。以 $v = v_0$ 为分界点，曲线类型可分为图中四种情形。

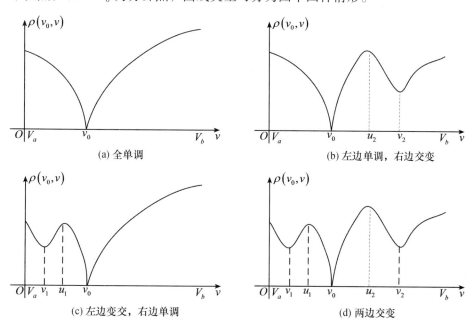

图 2.1　v_0 点的距离函数曲线

在横坐标轴上，以 v_0 为分界点，距离函数曲线图形被分为左右两个半边。按照单调和交变（交替变化）两种变化，可将距离曲线分为四种情形，如表 2.2 所示。

表 2.2　距离函数 $\rho(v_0, v)$ 曲线变化的四种情形及区别度赋值

情形	v_0 左半边	v_0 右半边	区别度赋值 $GV(v_0)$
（a）	单调减	单调增	$\max\{\rho(v_0, V_a), \rho(v_0, V_b)\}$
（b）	单调减	交变点 u_2、最低谷点 v_2	$\rho(v_0, v_2)$
（c）	交变点 u_1、最低谷点 v_1	单调增	$\rho(v_0, v_1)$
（d）	交变点 u_1、最低谷点 v_1	交变点 u_2、最低谷点 v_2	$\min\{\rho(v_0, v_1), \rho(v_0, v_2)\}$

以 v_0 点右边曲线变化为例，所谓的交变是指函数单调递增的变化状态。在 v_0 点右边邻域，函数严格单调递增；在上述所谓的交变点 u_2 处，函数在 u_2 点右边邻域开始单调递减。从 u_2 点至量值区间 V 的右边界 V_b 之间，函数的最小值点 v_2 称为最低谷点。同理，若函数左边不是严格单调递减，则以交变点 u_1、最低谷点 v_1 记述其曲线特征。

根据表 2.2 中对区别度的赋值情形，将测量信号在量值 v_0 点上的区别度定义为：

$$GV(v_0) = \begin{cases} \max\{\rho(v_0, V_a), \rho(v_0, V_b)\} & \text{case}(a) \\ GV(v_0) = \rho(v_0, v_2) & \text{case}(b) \\ GV(v_0) = \rho(v_0, v_1) & \text{case}(c) \\ \min\{\rho(v_0, v_1), \rho(v_0, v_2)\} & \text{case}(d) \end{cases} \tag{2.1}$$

单点区别度（定义）：对于定义域 $V \times T$ 内的任意量值 $v \in V$，将式（2.1）定义的 $GV(v)$ 称为测量信号在 v 点上的区别度，简称为单点区别度。

通常情形下，对于任意不同的量值 $v \in V$，测量信号的区别度都不同，为了反映出测量信号的整体性质，定义测量信号的全局区别度：

全局区别度（定义）：在定义域 $V \times T$ 内的所有量值 $v \in V$，所有的单点区别度的最小值称为测量信号的全局区别度，简称为区别度，并用符号 GV 表示。即

$$GV = \min_{v \in V}\{GV(v)\} \tag{2.2}$$

鉴于单点区别度与距离函数紧密的联系，单点区别度能定量地衡量每个量值其测量方程的奇异性。同时，全局区别度直接体现了测量信号的整体性质，是衡量测量信号正定性以及抗干扰能力的重要特征参数。

若希望定量地比较两个不同测量信号之间的区别度，还需要讨论一种由全局区别度导出的定量值——相对区别度。

相对区别度（定义）：将测量信号的全局区别度 GV 与信号幅度值 A_{mp} 的比值称为测量信号的相对全局区别度，简称为相对区别度，并用符号 GV_R 表示。即

$$GV_R = \frac{GV}{A_{mp}} \tag{2.3}$$

与区别度类似，相对区别度也是衡量测量信号奇异性以及抗干扰能力的重要特征参数。而与区别度不同的是，相对区别度可以用来横向比较不同测量信号的抗干扰能力。

2）灵敏度定义及计算

在定义域 $V \times T$ 上，假设某个测量信号 $g(t; v)$ 对于量值 v 的一阶偏导数是有界连续函数，则可定义如下计算式：

$$GK(v) = \begin{cases} \sqrt{\dfrac{1}{T_b - T_a} \displaystyle\int_{T_a}^{T_b} \left\| \dfrac{\partial g(t;v)}{\partial v} \right\|^2 \mathrm{d}t}, T = [T_a, T_b] \\ \sqrt{\dfrac{1}{N} \displaystyle\sum_{n=1}^{N} \left\| \dfrac{\partial g(t_n;v)}{\partial v} \right\|^2}, T = \{t_1, t_2, \cdots, t_N\} \end{cases} \quad (2.4)$$

单点灵敏度（定义）：对于定义域 $V \times T$ 内的任意量值 $v \in V$，将式（2.4）定义的 $GK(v)$ 称为测量信号在 v 点上的灵敏度，简称为单点灵敏度。

通常情形下，对于任意不同的量值 $v \in V$，测量信号的灵敏度都不同，为了反映出测量信号的整体性质，定义测量信号的全局灵敏度：

全局灵敏度（定义）：对于定义域 $V \times T$ 内的所有量值 $v \in V$，所有的单点灵敏度的最小值称为测量信号的全局最小灵敏度，简称为全局灵敏度，并用符号 GK 表示。即

$$GK = \min_{v \in V} \{GK(v)\} \quad (2.5)$$

若希望定量地比较两个不同测量信号之间的灵敏度，还需要讨论一种由全局灵敏度导出的定量值——相对灵敏度。

相对灵敏度（定义）：将测量信号的全局灵敏度 GK 与信号幅度值 A_{mp} 的比值称为测量信号的相对全局灵敏度，简称为相对灵敏度，并用符号 GK_R 表示。即

$$GK_R = \frac{GK}{A_{mp}} \quad (2.6)$$

与灵敏度类似，相对灵敏度也是定量地衡量测量信号的量值分辨能力的重要特征参数。而与灵敏度不同的是，相对灵敏度可以用来横向比较不同测量信号的分辨能力。

5. 实验步骤

从表 2.1 中选定测量信号模型，按照如下步骤完成实验内容。

Step 1　编写计算实验的 MATLAB 程序代码（可参考附录）。

Step 2　计算测量信号模型的特征量，并观察和记录计算结果。

Step 2.1　观察和记录幅度值、平均功率值（如表 2.3 所示）。

表2.3　幅度值、平均功率值的记录格式

模型类型	
信号幅度值 A_{mp}	
信号平均功率值 P_g	

Step 2.2　观察和记录区别度值（如表2.4所示）。

表2.4　区别度值的记录格式

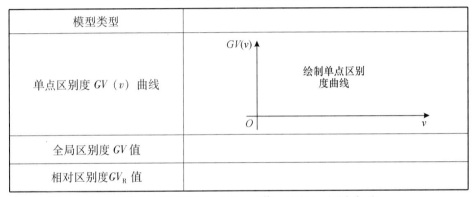

模型类型	
单点区别度 GV（v）曲线	
全局区别度 GV 值	
相对区别度 GV_R 值	

注：除了记录 GV 的数值，还需注明此时对应的量值，并在上图进行标注。

Step 2.3　观察和记录灵敏度值（如表2.5所示）。

表2.5　灵敏度值的记录格式

模型类型	
单点灵敏度 GK（v）曲线	
全局灵敏度 GK 值	
相对灵敏度 GK_R 值	
最小平均灵敏度 GKM 值	

注：除了记录 GK 的数值，还需注明此时对应的量值，并在上图进行标注。

6. 实验器材

计算机 1 台（安装 MATLAB、SDDS 软件）。

7. 思考题

1）比较不同测量信号模型的抗干扰能力，其大小排序是怎样的？

2）比较不同测量信号模型的量值分辨能力，其大小排序是怎样的？

3）针对双频测量信号模型，分别将采样间隔增大一倍、缩小一半，那么模型的抗干扰能力和量值分辨能力又该如何？

2.2 超声波测速

1. 实验目的

1）掌握测量实验设计、测量操作设计方法，掌握测量信号样本获取方法。

2）熟悉实际测量信号特征，理解结构关系、环境条件等概念及其影响，了解有关仪器的操作使用方法。

3）学会利用 MATLAB 仿真理论数据。

2. 实验内容及要求

1）设计发射信号波形。信号模型为双频信号模型，其数学表达式为：

$$\begin{cases} s(t) = 5\cos(2\pi f_1 t) + 5\cos(2\pi f_2 t) \\ f_1 = 840 \text{ kHz}, \ f_2 = 850 \text{ kHz} \end{cases} \quad (2.7)$$

2）分别采集各结构关系参数下的测量信号样本。本实验的结构关系参数是声波传播的基线长度，其取值分别为：

$$d \in \{10, \ 12, \ 14, \ 16, \ 18\} \text{ cm}$$

测量信号样本的样本长度为：

$$\begin{cases} N = 2^{20} \text{（点）} \\ \Delta t = 0.1 \ \mu\text{s} \end{cases} \quad (2.8)$$

3）记录模型的环境条件参数，本实验的环境条件参数是水体的温度。

4）检验每组测量信号样本的合理性。

3. 实验要求

1）仔细阅读实验指导书，熟悉实验内容；

2）做好实验记录，保存实验程序；

3）按要求撰写实验报告。

4. 实验原理

利用超声波在水体中发射与接收信号之间的时延关系，确定介质中的声速，理解被测量值、测量信号、结构关系及环境条件等概念，认识实际量值检测的原理与方法。

1）测量信号模型

物理模型如图 2.2 所示。图中，声速值 c 是被测量值，接收信号是测量信号，基线长度是结构关系参数，水体温度是环境条件参数。

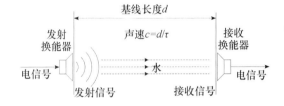

图 2.2 超声波测速实验物理模型

以双频信号作为发射信号：

$$s(t) = 5\cos(2\pi f_1 t) + 5\cos(2\pi f_2 t) \tag{2.9}$$

信号经水体传播后，被接收换能器接收形成测量信号：

$$\begin{aligned}x(t) &= g(t;c) + w(t) \\ &= a_1\cos[2\pi f_1(t - d/c)] + a_2\cos[2\pi f_2(t - d/c)] + w(t)\end{aligned} \tag{2.10}$$

式中，f_1，f_2 分别为双频信号分量的频率；a_1，a_2 分别为接收信号各分量的幅度。为了表述简单，以时延量作为等效被测量值 $\tau = d/c$，测量信号模型变换为：

$$\begin{aligned}x(t) &= g(t;\tau) + w(t) \\ &= a_1\cos[2\pi f_1(t - \tau)] + a_2\cos[2\pi f_2(t - \tau)] + w(t)\end{aligned} \tag{2.11}$$

式（2.11）即为本次实验获取的测量信号样本的数学模型。

2）测量实验系统

声速测量实验系统由声速测量实验平台、综合信号处理模块与计算机三部分构成。声速测量实验系统框图如图 2.3 所示。实物介绍及具体使用方法详见第 5 章第 5.6 节。

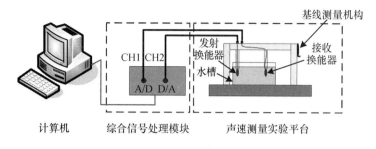

图 2.3　声速测量实验系统框图

5. 实验步骤

1）设计发射信号波形

利用 MATLAB 设计发射信号数据（参考程序见附录），保存为 transmit_signal。发射信号数据格式按表 2.6 进行记录。

表 2.6　发射信号数据格式

信号表达式	
信号波形	（绘图）

2）分别采集各结构关系下的测量信号样本

首先，将发射信号的数据载入综合信号处理模块，设置基线长度为 10 cm，通过温度计记录此时水体的温度。然后，启动综合信号处理模块的同步操作，通过 SDDS 上位机软件将采集的样本数据保存为 receive10_1，在相同基线长度下，共采集 6 组测量信号样本数据并保存。依次调节基线长度为 12 cm、14 cm、16 cm、18 cm，重复上述操作，测量样本数据的保存格式如表 2.7 所示。

表 2.7　测量样本数据的保存格式

实验设备编号			水体温度		
基线长度	10 cm	12 cm	14 cm	16 cm	18 cm
测量样本数据文件	receive10_1 receive10_2 ⋮ receive10_6	receive10_1 receive10_2 ⋮ receive10_6	receive10_1 receive10_2 ⋮ receive10_6	receive10_1 receive10_2 ⋮ receive10_6	receive10_1 receive10_2 ⋮ receive10_6

3）测量信号样本的检验

每当采集到一批数据时，利用 SDDS 上位机软件观察发射信号与测量信号样本的波形，检验数据合理性（主要是检验 A/D 是否采集到数据）。如果没有采集到数据，则重新采集。

6. 实验器材

声速测量实验平台 1 套，综合信号处理模块 1 套，计算机（安装 MATLAB + SDDS）1 台，电源、连接线等若干，高精度温度计 1 支。

7. 思考题

1）观察测量信号样本波形，分析其与基线长度有什么关系。具体体现在哪些方面？

2）请介绍一种你认为合理的样本检验方法。

2.3　测量计算与误差综合实验

1. 实验目的

1）掌握量值检测的基本方法，熟悉利用普适性测量算子和匹配滤波器算子从测量信号样本中提出被测量值。

2）学会利用 MATLAB 处理实验数据。

2. 实验内容及要求

1）超声测速实验仿真

（1）仿真产生超声测速的测量信号样本。测量信号样本对应的测量信号模型为双频信号模型：

$$\begin{cases} x(t) = 5\cos\left[2\pi f_1(t - \tau_0)\right] + 5\cos\left[2\pi f_2(t - \tau_0)\right] + w(t) \\ \tau_0 = d/c_0 \end{cases} \quad (2.12)$$

式中，c_0 为被测声速真值；τ_0 为相应的时延量真值；d 为声波传播的基线长度（可变）。信号模型的相关参数设置如表 2.8 所示。

表 2.8　信号模型的相关参数设置

参数类型	参数设置数值
声速真值	$c_0 = 1500$ m/s
信号频率	$f_1 = 840$ kHz，$f_2 = 850$ kHz
取样时间集	$t \in [0.2, 0.4]$ ms，$\Delta t = 0.1$ μs
基线长度	10 cm、12 cm、14 cm、16 cm、18 cm
噪声 $w(t)$	高斯白噪声，信噪比为 25 dB

注：每一个基线长度，对应一组测量信号样本，本实验共 5 组测量信号样本。

（2）利用普适性测量算子从仿真产生的测量信号样本中提取被测量值，得到算子输出 c_x 和算子误差 $ep(c_0) = c_x - c_0$；

（3）利用匹配滤波器算子从仿真产生的测量信号样本中提取被测量值，得到算子输出 c_x 和算子误差 $ep(c_0) = c_x - c_0$；

（4）在实验中，信号传输幅度会产生衰减，假设接收到的信号各频率分量的幅度分别为 a_1，a_2，则有测量信号样本：

$$\begin{cases} x(t) = a_1 \cos[2\pi f_1(t - \tau_0)] + a_2 \cos[2\pi f_2(t - \tau_0)] + w(t) \\ a_1, a_2 \in [0.5, 5] \end{cases} \quad (2.13)$$

基于表 2.8 的参数设置，假设信号幅度真值分别为 $a_1 = 2$，$a_2 = 3$，编写程序仿真生成有幅度衰减时的测量信号样本，并利用普适性测量算子从测量信号样本中提取被测量值，得到被测量 c_x，以及幅度参数的测量结果 a_{1x}，a_{2x}，计算测量误差。

2）超声测速数据处理

（1）根据记录的水体温度值，查阅声速表得到声速的近似真值 c_0；

（2）利用某种测量算子从实际获取的测量信号样本中提取被测声速，得到算子输出 c_x 和算子误差 $ep(c_0) = c_x - c_0$；

（3）对测量结果进行分析。

3. 实验要求

1）仔细阅读实验指导书，熟悉实验内容；

2）做好实验记录，保存实验程序；

3）按要求撰写实验报告。

4. 实验原理

给定测量信号样本，利用普适性测量算子或匹配滤波器算子设计数据结构和算法程序结构，用 MATLAB 或 C 语言编程实现计算程序，将算子输出作为被测量的测量结果。在《测量原理》教材第 54 至 60 页详细阐述了普适性测量算子的使用方法，在第 160 至 166 页详细阐述了匹配滤波器算子的使用方法。

1）普适性测量算子

普适性测量算子（定义）：给定有效测量信号和有效时间集 T，则按下式规定所进行的运算称为普适性测量算子：

$$\begin{cases} v_x = \min\{v_{\min} \,|\, D(v_{\min}) = D_{\min}\} \\ D_{\min} = \min_{v \in V}\{D(v)\} \end{cases} \tag{2.14}$$

其中，距离函数 $D(v)$ 对应的运算为：

$$D(v) = \begin{cases} \sqrt{\dfrac{1}{T_b - T_a} \displaystyle\int_{T_a}^{T_b} |x(t) - g(t,v)|^2 \mathrm{d}t}, T = [T_a, T_b] \\ \sqrt{\dfrac{1}{N} \displaystyle\sum_{n=1}^{N} |x(t_n) - g(t_n;v)|^2}, T = \{t_1, t_2, \cdots, t_N\} \end{cases} \tag{2.15}$$

上述算子之所以叫作普适性测量算子，是因为该算子对任何有效测量信号和任何有效时间集都适用。下面通过图例（图 2.4），基于测量的四个过程——比较、示差、平衡、读数，进一步理解普适性测量算子的形式化含义。

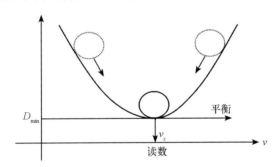

图 2.4 普适性测量算子与测量四过程图例

如图 2.4，普适性测量算子与测量的四过程有如下对应关系。

（1）比较：实际样本 $x(T)$ 与理论样本 $g(T; v, a, c)$ 相比，也就是"实相"与"真相"相比。

（2）示差：在所有 $v \in V$ 上，通过距离函数 $D(v)$ 来指示"实相"与"真相"的差别。

（3）平衡：找 $D(v)$ 的最小值 $D_{\min} = \min\limits_{v \in V} \{|D(v)|\}$，也就是"实相"与"真相"示差的最小值。

（4）读数：读出被测量值 $v_x = \min\{v_{\min} | D(v_{\min}) = D_{\min}\}$，即以最小值点作为被测量值读数。

假设测量信号是有效测量信号，并满足有限计算可行性条件（《测量原理》教材第 138 页的定理 4.1）。

在连续时间区间 $T = [T_a, T_b]$ 和量程范围 $V = [V_a, V_b]$ 中分别取离散子集：

$$
\begin{cases}
T_N = \{t_1, t_2, \cdots, t_N\} \\
t_n = V_a + (n-1)T_s \\
T_s = \dfrac{T_b - T_a}{N}
\end{cases}
\qquad
\begin{cases}
V_M = \{v_1, v_2, \cdots, v_M\} \\
v_m = V_a + (m-1)\delta \\
\delta = \dfrac{V_b - V_a}{M}
\end{cases}
\tag{2.16}
$$

式中，N、M 分别代表时间点集和量值格点的数目，δ 是满足有限计算条件的量值离散间隔。已知测量样本 $x(T)$，利用普适性测量算子求解被测量值 v_x 的具体算法可由如下"程序"构成：

$$
\begin{cases}
0: & v_x = V_a; D_{\min} = \infty; \\
1: & \text{for}(m = 1{:}M) \\
2: & \quad \{v_m = V_M(m); \\
3: & \quad D_v = \sqrt{\dfrac{1}{N}\sum\limits_{n=1}^{N} |x(t_n) - g(t_n, v_m)|^2}; \\
4: & \quad \text{if}(D_v < D_{\min}) \\
5: & \quad\quad \{v_x = v_m; D_{\min} = D_v;\} \\
6: & \quad \}; \\
8: & \text{end};
\end{cases}
\Rightarrow
\begin{cases}
s0: & D_v = 0; \\
s1: & \text{for}(n = 1{:}N) \\
s2: & \quad \{d_{xg} = x(t_n) - g(t_n, v_m); \\
s3: & \quad D_v = D_v + d_{xg}d_{xg};\}; \\
s4: & \quad D_v = D_v / N; \\
s5: & \quad D_v = \text{sqrt}(D_v);
\end{cases}
$$

程序中，在 $M \times N$ 个"时空"格点上做了二重循环运算，其中第 3 行可用以上"程序"中右边的内循环或子程序构成。

将上述算法称为普适性测量算子的基本算法。

2）匹配滤波器算子

假设某个待测量值对应的测量信号表示为：

$$
\begin{cases}
x(t) = s(t - \tau) + w(t) \\
t \in [T_a, T_b] \\
\tau \in [\tau_a, \tau_b]
\end{cases}
\tag{2.17}
$$

式中，τ 为被测量值，将其称为时延量值。将式（2.17）称为时延量值的测量信号模型，其中理论测量信号为 $g(t;\tau) = s(t - \tau)$；而 $[\tau_a, \tau_b]$ 代表量值的取值范围。

针对时延量值的测量信号模型，可将测量信号的距离函数 $D(\tau)$ 表示为：

$$D(\tau) = \begin{cases} \sqrt{\dfrac{1}{T_b - T_a}\displaystyle\int_{T_a}^{T_b} |x(t) - s(t-\tau)|^2 \mathrm{d}t}, T = [T_a, T_b] \\ \sqrt{\dfrac{1}{N}\displaystyle\sum_{n=1}^{N} |x(t_n) - s(t_n - \tau)|^2}, T = \{t_1, t_2, \cdots, t_N\} \end{cases} \quad (2.18)$$

普适性测量算子将 $D(\tau)$ 取最小值时所对应的时延值作为算子输出。

考虑 T 是连续时间集，$D(\tau)$ 取得最小值与下式 $Q(\tau)$ 取得最小值等价：

$$Q(\tau) = \int_{T_a}^{T_b} |x(t) - s(t-\tau)|^2 \mathrm{d}t \quad \min\{D(\tau)\} \Leftrightarrow \min\{Q(\tau)\} \quad (2.19)$$

将等价量 $Q(\tau)$ 进一步展开：

$$\begin{aligned} Q(\tau) &= \int_{T_a}^{T_b} \left[|x(t)|^2 + |s(t-\tau)|^2 - 2x(t)s(t-\tau) \right] \mathrm{d}t \\ &= X^2 + S^2 - 2R_{XS}(\tau) \end{aligned} \quad (2.20)$$

式中第一、二项分别表示实际测量信号和理论测量信号的能量，为常数：

$$X^2 = \int_{T_a}^{T_b} |x(t)|^2 \mathrm{d}t, S^2 = \int_{T_a}^{T_b} |s(t-\tau)|^2 \mathrm{d}t \quad (2.21)$$

第三项表示 $x(t)$ 与 $s(t)$ 之间的互相关函数，定义如下：

$$R_{XS}(\tau) \xlongequal{\text{定义}} \int_{T_a}^{T_b} x(t)s(t-\tau) \mathrm{d}t \quad (2.22)$$

由于 X^2 和 S^2 均为常数，则 $Q(\tau)$ 取得最小值等价于 $R_{XS}(\tau)$ 取得最大值，即

$$\min_{\tau \in V}\{D(\tau)\} \Leftrightarrow \min_{\tau \in V}\{Q(\tau)\} \Leftrightarrow \max_{\tau \in V}\{R_{XS}(\tau)\} \quad (2.23)$$

因此，定义如下算子：

$$\tau_x = \mathrm{Arg}(\max\{R_{XS}(\tau), \tau \in [\tau_a, \tau_b]\}) \quad (2.24)$$

式中，τ_x 表示互相关函数 $R_{XS}(\tau)$ 的最大值点；Arg（·）表示取函数最大值对应的自变量，在此进一步补充约定仅取其绝对值最小者（最小模），以保证 τ_x 是唯一的。

可将 $R_{XS}(\tau)$ 表示为如下卷积形式：

$$
\begin{cases}
R_{XS}(\tau) = \displaystyle\int_{T_a}^{T_b} x(u)h(\tau - u)\,\mathrm{d}u \\
h(t) = s^*(-t)
\end{cases}
\tag{2.25}
$$

式中，符号 $*$ 代表复数共轭运算。式中的滤波器 $h(t)$ 恰与脉冲信号 $s(t)$ 在频域中互为共轭，可理解为相互匹配，故可将该算子称为匹配滤波算子。而对于离散时间集 T_N 上的匹配滤波算子，则可表示如下：

$$
R_{XS}(\tau; T_N) = \sum_{n=1}^{N} x(t_n)s(t_n - \tau)
\tag{2.26}
$$

$$
\tau_x(T_N) = \mathrm{Arg}(\max\{R_{XS}(\tau; T_N), \tau \in [\tau_a, \tau_b]\})
$$

5. 实验步骤

1）超声测速实验仿真

Step 1　利用 MATLAB 仿真产生无幅度衰减的测量信号样本，共 5 组；

Step 2　分别利用普适性测量算子和匹配滤波器算子从测量信号样本中提取被测量值，计算测量误差，实验结果记录格式如表 2.9 所示。

表 2.9　无幅度衰减超声测速仿真实验结果

算子输出		基线长度				
		10 cm	12 cm	14 cm	16 cm	18 cm
普适性算子	时延量（τ_x）					
	声速值（c_x）					
	误差（$ep(c_0)$）					
匹配滤波器算子	时延量（τ_x）					
	声速值（c_x）					
	误差（$ep(c_0)$）					

按照相同的步骤，对有幅度衰减的超声测速进行仿真实验，实验结果记录格式如表 2.10 所示。

表 2.10　有幅度衰减超声测速仿真实验结果

算子输出		基线长度				
		10 cm	12 cm	14 cm	16 cm	18 cm
声速	声速值(c_x)					
	误差($ep(c_0)$)					
幅度	幅度(a_{1x})					
	误差($ep(a_1)$)					
	幅度(a_{2x})					
	误差($ep(a_2)$)					

2）超声测速数据处理

Step 1　加载实验二超声测速中获取的实际测量信号样本；

Step 2　从测量信号样本中提取被测声速量值，测量结果记录格式如表 2.11 所示。

表 2.11　超声测速实验数据处理结果

实验设备编号						
温度				声速真值		
基线长度		10 cm	12 cm	14 cm	16 cm	18 cm
声速测量结果	第 1 次					
	第 2 次					
	第 3 次					
	第 4 次					
	第 5 次					
	第 6 次					
	平均值					
测量误差						

6. 实验器材

声速测量实验平台 1 套，综合信号处理模块 1 套，计算机（安装

MATLAB＋SDDS）1 台，电源、连接线等若干，高精度温度计 1 支。

7. 思考题

1）在对实际测量信号样本进行处理时，可采用匹配滤波器算子和普适性测量算子，请说明你采用的是哪一种测量算子。

2）对比分析两种测量算子的处理过程和处理结果有什么异同。

第 3 章　误差理论与数据处理基础实验

本章主要介绍"误差理论与数据处理"课程的 5 个实验，分别为等精度测量结果的数据处理实验、误差的合成与分配实验、组合测量的最小二乘处理实验、一元线性回归分析实验和蒙特卡洛法评定测量不确定度实验。

3.1　等精度测量结果的数据处理

1. 实验目的

1）了解误差的基本性质，掌握对等精度测量列测量数据进行误差分析和处理的方法。

2）熟悉用 RLC 万用电桥测量元件参数的方法。

3）熟悉 MATLAB 或 Excel 软件工具处理测量数据的方法。

4）培养学生基本测试仪器使用和计算机应用与数据处理方面的专业基本技能。

2. 实验原理和知识要点

1）算术平均值

对某一量进行一系列等精度测量，由于存在随机误差，其测得值皆不相同，应以全部测得值的算术平均值作为最后的测量结果。

（1）算术平均值的意义

在系列测量中，被测量所得的值的代数和除以测量次数 n 而得的值称为算术平均值。设 l_1，l_2，$\cdots$，l_n 为 n 次测量所得的值，则其算术平均值为：

$$\bar{x} = \frac{l_1 + l_2 + \cdots + l_n}{n} = \frac{\sum\limits_{i=1}^{n} l_i}{n} \tag{3.1}$$

算术平均值与真值最为接近。由概率论大数定律可知，若测量次数无限增加，则算术平均值 $\bar{x}$ 必然趋近于真值 L_0。

（2）残余误差、算术平均值的计算校核

第 i 个测量值 l_i 的残余误差 v_i 为 $v_i = l_i - \bar{x}$。

算术平均值及其残余误差的计算是否正确，可用求得的残余误差代数和性质来校核。

残余误差代数和为：

$$\sum_{i=1}^{n} v_i = \sum_{i=1}^{n} l_i - n\bar{x}$$

当 $\bar{x}$ 为未经凑整的准确数时，则有：

$$\sum_{i=1}^{n} v_i = 0 \tag{3.2}$$

① 残余误差代数和应符合：

当 $\sum_{i=1}^{n} l_i = n\bar{x}$，求得的 $\bar{x}$ 为非凑整的准确数时，$\sum_{i=1}^{n} v_i$ 为零；

当 $\sum_{i=1}^{n} l_i > n\bar{x}$，求得的 $\bar{x}$ 为凑整的非准确数时，$\sum_{i=1}^{n} v_i$ 为正，其大小为求 $\bar{x}$ 时的余数；

当 $\sum_{i=1}^{n} l_i < n\bar{x}$，求得的 $\bar{x}$ 为凑整的非准确数时，$\sum_{i=1}^{n} v_i$ 为负，其大小为求 $\bar{x}$ 时的亏数。

② 残余误差代数和绝对值应符合：

当 n 为偶数时，

$$\left| \sum_{i=1}^{n} v_i \right| \leq \frac{n}{2}A \tag{3.3}$$

当 n 为奇数时，

$$\left| \sum_{i=1}^{n} v_i \right| \leq \left(\frac{n}{2} - 0.5 \right)A \tag{3.4}$$

式中，A 为实际求得的算术平均值 $\bar{x}$ 末位数的一个单位。

2）测量的标准差

测量的标准偏差称为标准差，也可以称之为均方根误差。

（1）测量列中单次测量的标准差（按贝塞尔公式）：

$$\sigma = \sqrt{\frac{v_1^2 + v_2^2 + \cdots + v_n^2}{n-1}} = \sqrt{\frac{\sum_{i=1}^{n} v_i^2}{n-1}} \tag{3.5}$$

式中，n 为测量次数（应充分大）。

（2）测量列算术平均值的标准差：

$$\sigma_{\bar{x}} = \frac{\sigma}{\sqrt{n}} \qquad (3.6)$$

3）判断粗大误差

检验测量数据是否含有粗大误差是保证原始数据可靠及其有关计算准确的前提。排除异常数据较常用的准则分别为拉伊达准则、格拉布斯准则、肖维勒准则和狄克逊准则。相对于某个精度而言，这四种准则的检验范围和判别效果不同，根据重复测量次数 n 的值，建议使用的判别准则如表 3.1 所示。

表 3.1　测量异常数据判别准则使用建议

测量次数范围	建议使用的准则
$3 \leqslant n < 25$	狄克逊准则，格拉布斯准则（$a = 0.01$）
$25 \leqslant n \leqslant 185$	格拉布斯准则（$a = 0.05$），肖维勒准则
$n > 185$	拉伊达准则

4）算术平均值的极限误差

$$\delta_{\lim \bar{x}} = \pm t\sigma_{\bar{x}} \qquad (3.7)$$

3. 实验内容及要求

1）实验内容

（1）用 Agilent 4263B LRC 测试仪测量电阻、电容各 8～15 次。

（2）全面分析电阻、电容测量中的误差影响因素，对误差进行分析、计算。

（3）计算电阻、电容的测量结果及其精度。

2）实验要求

（1）实验前拟定实验步骤和测量数据记录表格。

（2）选用 MATLAB 或 Excel 编写等精度测量数据处理程序，判断测量列中是否存在系统误差和粗大误差。

（3）计算电阻、电容的测量结果及其精度（包括标准差和极限误差），完成实验报告。

4. 实验器材及仪器

Agilent 4263B LRC 测试仪 1 台，PC 机 1 台，MATLAB 或 Excel 软件等，

待测电阻、电容若干。

5. **预习要求**

1）查阅 Agilent 4263B LRC 测试仪的使用说明书，拟定电阻、电容测量操作步骤。

2）编写数据处理算法，画出程序流程图。

6. **思考题**

1）试分析电阻、电容测量过程中的误差影响因素，分析减小测量误差的途径和措施。

2）分析、比较几种粗大误差判断方法的特点和适用范围。

3.2　误差的合成与分配

1. **实验目的**

1）掌握误差合成与分配的基本规律和基本方法。

2）掌握最佳测量方案的设计方法和实验仪器准确度等级选取原则。

3）掌握有功功率测量方法。

4）培养学生基本测试仪器使用和数据处理方面的专业基本技能。

2. **实验原理和知识要点**

1）误差合成

间接测量是通过直接测量与被测的量之间有一定函数关系的其他量，按照已知的函数关系式计算出被测的量。因此，间接测量的量是直接测量所得到的各个测量值的函数，而间接测量误差则是各个直接测得值误差的函数。这种误差为函数误差。研究函数误差的内容实质上就是研究误差的传递问题，而对于这种具有确定关系的误差计算，称为误差合成。

（1）随机误差的合成

随机误差具有随机性，其取值是不可预知的，并用测量的标准差或极限误差来表征其取值的分散程度。

① 标准差的合成

若有 q 个单项随机误差，其标准差分别为 σ_1，σ_2，$\cdots$，σ_q，相应的误差传递系数为 a_1，a_2，$\cdots$，a_q，则根据方和根的运算方法，各个标准差合成后的总标准差为：

$$\sigma = \sqrt{\sum_{i=1}^{q} (a_i\sigma_i)^2 + 2\sum_{1\leq i<j}^{q} \rho_{ij}a_ia_j\sigma_i\sigma_j} \qquad (3.8)$$

一般情况下，各个误差互不相关，相关系数 $\rho_{ij}=0$，则有

$$\sigma = \sqrt{\sum_{i=1}^{q} (a_i\sigma_i)^2} \qquad (3.9)$$

② 极限误差的合成

在测量实践中，各个单项随机误差和测量结果的总误差也常以极限误差的形式来表示，因此极限误差的合成也很常见。若已知 q 个单项极限误差为 δ_1，δ_2，$\cdots$，δ_q，且置信概率相同，则按方和根合成的总极限误差为：

$$\delta = \pm\sqrt{\sum_{i=1}^{q} (a_i\delta_i)^2 + 2\sum_{1\leq i<j}^{q} \rho_{ij}a_ia_j\delta_i\delta_j} \qquad (3.10)$$

（2）系统误差的合成

系统误差的大小是评定测量准确度高低的标志。系统误差越大，准确度越低；反之，准确度越高。

① 已定系统误差的合成

已定系统误差是指误差大小和方向均已确切掌握了的系统误差。在测量过程中，若有 r 个单项已定系统误差，其误差值分别为 Δ_1，Δ_2，$\cdots$，Δ_r，相应的误差传递系数为 a_1，a_2，$\cdots$，a_r，则依代数和法进行合成，求得总的已定系统误差为：

$$\Delta = \sum_{i=1}^{r} a_i\Delta_i \qquad (3.11)$$

② 未定系统误差的合成

若测量过程中有 s 个单项未定系统误差，其标准差分别为 u_1，u_2，$\cdots$，u_s，相应的误差传递系数为 a_1，a_2，$\cdots$，a_s，则合成后未定系统误差的总标准差为：

$$u = \sqrt{\sum_{i=1}^{s} (a_iu_i)^2 + 2\sum_{1\leq i<j}^{s} \rho_{ij}a_ia_ju_iu_j} \qquad (3.12)$$

若 $\rho_{ij}=0$，则有

$$u = \sqrt{\sum_{i=1}^{s} (a_iu_i)^2} \qquad (3.13)$$

若各个单项未定系统误差的极限误差为 $e_i = \pm t_iu_i$，$i=1$，2，$\cdots$，s，总的未定系统误差的极限误差为：

$$e = tu$$

则可得

$$e = \pm t \sqrt{\sum_{i=1}^{s} (a_i u_i)^2 + 2 \sum_{1 \leqslant i < j}^{s} \rho_{ij} a_i a_j u_i u_j} \tag{3.14}$$

当各个单项未定系误差均服从正态分布，且 $\rho_{ij} = 0$ 时，有

$$e = \pm \sqrt{\sum_{i=1}^{s} (a_i e_i)^2} \tag{3.15}$$

（3）系统误差与随机误差的合成

当测量过程中存在各种不同性质的多项系统误差与随机误差时，应将其进行综合，以求得最后测量结果的总误差。

① 按极限误差合成

若测量过程中有 r 个单项已定系统误差 Δ_1，Δ_2，$\cdots$，Δ_r，s 个单项未定系统误差 e_1，e_2，$\cdots$，e_s，q 个单项随机误差 δ_1，δ_2，$\cdots$，δ_q，设各个误差传递系数均为 1，则测量结果总的极限误差为：

$$\Delta = \sum_{i=1}^{r} \Delta_i \pm t \sqrt{\sum_{i=1}^{s} \left(\frac{e_i}{t_i}\right)^2 + \sum_{i=1}^{q} \left(\frac{\delta_i}{t_i}\right)^2 + R} \tag{3.16}$$

式中，R 为各个误差间协方差之和。

当各个误差均服从正态分布，且各个误差间互不相关时，式（3.16）可简化为：

$$\Delta = \sum_{i=1}^{r} \Delta_i \pm \sqrt{\sum_{i=1}^{s} (e_i)^2 + \sum_{i=1}^{q} (\delta_i)^2} \tag{3.17}$$

系统误差经修正后，测量结果总的极限误差就是总的未定系统误差与总的随机误差的均方根。即

$$\Delta = \pm \sqrt{\sum_{i=1}^{s} (e_i)^2 + \sum_{i=1}^{q} (\delta_i)^2} \tag{3.18}$$

② 按标准差合成

用标准差来表示系统误差与随机误差的合成公式，只需考虑未定系统误差与随机误差的合成问题。若测量过程中有 s 个单项未定系统误差，q 个单项随机误差，其标准差分别为 u_1，u_2，$\cdots$，u_s，σ_1，σ_2，$\cdots$，σ_q，标准差 u_i，σ_j 相应的误差传递系数为 α_i，β_j，则测量结果总的标准差为：

$$\sigma = \sqrt{\sum_{i=1}^{s} \alpha_i u_i^2 + \sum_{j=1}^{q} \beta_j \sigma_j^2 + R} \tag{3.19}$$

式中，R 为各个误差间协方差之和。当各个误差间互不相关时，式（3.19）可简化为：

$$\sigma = \sqrt{\sum_{i=1}^{s} \alpha_i u_i^2 + \sum_{j=1}^{q} \beta_j \sigma_j^2} \qquad (3.20)$$

对于 n 次重复测量，测量结果平均值的总标准差公式为：

$$\sigma = \sqrt{\sum_{i=1}^{s} \alpha_i u_i^2 + \frac{1}{n}\sum_{j=1}^{q} \beta_j \sigma_j^2} \qquad (3.21)$$

2）误差分配

测量过程皆包含多项误差，而测量结果的总误差则由各单项误差的综合影响所确定。给定测量结果总误差的允差，要求确定各单项误差就是误差分配问题。

设各误差因素皆为随机误差，且互不相关，则有

$$
\begin{aligned}
\sigma_y &= \sqrt{\left(\frac{\partial f}{\partial x_1}\right)^2 \sigma_1^2 + \left(\frac{\partial f}{\partial x_2}\right)^2 \sigma_2^2 + \cdots + \left(\frac{\partial f}{\partial x_1}\right)^2 \sigma_1^2} \\
&= \sqrt{a_1^2 \sigma_1^2 + a_2^2 \sigma_2^2 + \cdots + a_n^2 \sigma_n^2} \\
&= \sqrt{D_1^2 + D_2^2 + \cdots + D_n^2}
\end{aligned}
$$

式中，D_i 为函数的部分误差。若已给定 σ_y，需确定 D_i 或相应 σ_i，使满足

$$\sigma_y \geqslant \sqrt{D_1^2 + D_2^2 + \cdots + D_n^2} \qquad (3.22)$$

式中，D_i 可以是任意值，为确定解，需按下列步骤求解：

（1）按等作用原则；

（2）按可能性调整误差；

（3）验算调整后的总误差。

3. 实验内容及要求

1）实验内容

完成电阻器功率测量，要求测量精度为 0.5%。

2）实验要求

（1）完成电阻器功率测量最佳方案设计。

（2）根据设计方案，提出实验用仪器及其精度，拟定实验操作步骤和测量数据记录表格。

（3）全面分析电阻功率测量中的误差影响因素，对误差进行分析、计算，给出测量结果及其精度。

4. 实验器材及仪器

待测电阻、电容若干；仪器设备自拟（可选设备：电压表、电流表、LRC 测试仪，数字万用表）。

5. 预习要求

1）拟定电阻器功率测量最佳方案，提出所需仪器设备类型与精度。

2）拟定实验操作步骤。

6. 思考题

1）如何减小 U（I）测量误差，提高功率测量精度？

2）如何减小 R 测量误差，提高测量精度？

3.3　组合测量的最小二乘处理

1. 实验目的

1）了解组合测量的意义及方法。

2）掌握组合测量的数据处理过程及误差处理的特点。

3）掌握最小二乘法基本原理、正规方程以及组合测量的最小二乘法处理办法。

4）掌握数字万用表和 LRC 测量仪测量电容器容值的方法。

5）掌握 LabVIEW 软件在误差处理方面的应用技术。

2. 实验原理和知识要点

1）最小二乘法原理

测量结果的最可信赖值应在残余误差平方和为最小的条件下求出，即

$$v_1^2 + v_2^2 + \cdots + v_n^2 = [v^2] = 最小 \tag{3.23}$$

2）正规方程

最小二乘法可以将误差方程转化为有确定解的代数方程组（其方程式的数目正好等于未知数的个数），从而可求解出这些未知参数。这个有确定解的代数方程组称为最小二乘法估计的正规方程。

3）精度估计

对测量数据进行最小二乘法处理，其最终结果不仅要给出待求量的最可信赖值，还要确定其可信赖程度，即估计其精度。具体内容包含两方面：一

是估计直接测量结果 x_1，x_2，$\cdots$，x_t 的精度；二是估计待求量 y_1，y_2，$\cdots$，y_t 的精度。测量数据的精度也以标准差 σ 来表示。因为无法求得 σ 的真值，只能依据有限次的测量结果给出 σ 的估计值。

4）组合测量

直接测量待测参数的各种组合量，然后对这些测量数据进行处理，从而求得待测参数的估计量，并给出其精度估计。

3. 实验内容及要求

1）实验内容

（1）用数字万用表测量一组（3~5 个）电容的容值，并与用 LRC 测试仪测量的结果相比较。

（2）用数字万用表采用组合测量法测得此组电容的电容值，看其经过最小二乘法处理后精度是否有所提高。

（3）（选做）基于 LabVIEW 语言编写组合测量数据处理和精度估计程序。

2）实验要求

（1）实验前拟定实验步骤和测量数据记录表格，记录数字万用表和 LRC 测量仪的测量数据。

（2）编写组合测量数据处理算法，画出程序流程图。

（3）计算电容的测量结果及其精度（包括测量数据的标准差以及估计量的标准差），完成实验报告。

4. 实验器材及仪器

Agilent 4263B LRC 测试仪 1 台，UT52 数字万用表 1 台，PC 机 1 台，LabVIEW 软件等，待测电容若干。

5. 预习要求

1）查阅数字万用表和 LRC 测试仪的使用说明书，拟定电容测量操作步骤。

2）编写组合测量数据处理算法，画出程序流程图。

6. 思考题

1）用数字万用表采用组合测量法测得电容的电容值，经过最小二乘法处理后，其精度提高了吗？

2）组合测量在实际应用中有何意义？

3.4　一元线性回归分析

1. 实验目的

1）了解线性回归分析的基本思想，以及在工农业生产和科学研究中的广泛应用。

2）掌握一元线性回归直线拟合方法。

3）会对回归方程进行方差分析、显著性检验等各种统计检验。

2. 实验原理和知识要点

回归分析是处理变量之间相关关系的一种数理统计方法。其原理是通过应用数学的方法，对大量的观测数据进行处理，从而得出比较符合事物内部规律的数学表达式。

1）一元线性回归方程

（1）回归方程的求法

$$\hat{y} - \bar{y} = b(x - \bar{x}) \tag{3.24}$$

其中，$\bar{x} = \dfrac{1}{N} \sum_{i=1}^{N} x_i$，$\bar{y} = \dfrac{1}{N} \sum_{i=1}^{N} y_i$。

（2）回归方程的稳定性

回归方程的稳定性是指回归值 $\hat{y}$ 的波动大小。波动愈小，回归方程的稳定性愈好。

$$\sigma_{\hat{y}}^2 = \sigma_{b_0}^2 + x^2 \sigma_b^2 + 2x\sigma_{b_0 b} \tag{3.25}$$

$$\sigma_{\hat{y}} = \sigma \sqrt{\frac{1}{N} + \frac{(x - \bar{x})^2}{l_{xx}}} \tag{3.26}$$

2）回归方程的方差分析及显著性检验

（1）回归问题的方差分析

观测值 y_1，y_2，$\cdots$，y_N 之间的差异，是由两个方面原因引起的：①自变量 x 取值的不同；②其他因素（包括试验误差）的影响。

N 个观测值之间的变差，可用观测值 y 与其算术平均值 $\bar{y}$ 的离差平方和来表示，称为总的离差平方和。记作

$$\begin{cases} S = \sum_{i=1}^{N} (y_t - \bar{y})^2 = l_{yy} \\ S = U + Q \end{cases} \tag{3.27}$$

$U = \sum_{i=1}^{N} (\bar{y}_t - \bar{y})^2$ 称为回归平方和，反映了在 y 总的变差中由于 x 和 y 的线性关系而引起变化的部分。

$Q = \sum_{i=1}^{N} (y_t - \hat{y}_t)^2$ 称为残余平方和，即所有观测点距回归直线的残余误差平方和。它是除 x 对 y 的线性影响之外的一切因素对 y 的变差作用。

（2）回归方程显著性检验

回归方程显著性检验通常采用 F 检验法。

$$F = \frac{U/\nu_U}{Q/\nu_Q} \tag{3.28}$$

（3）重复实验的情况

为了检验一个回归方程拟合的好坏，可以做重复实验，从而获得误差平方和与失拟平方和，用误差平方和对失拟平方和进行 F 检验，就可以判定回归方程拟合的好坏。

$$S = U + Q_L + Q_E \tag{3.29}$$

式中，$U = mbl_{xy}$，$Q_L = ml_{yy} - U$，$Q_E = \sum_{t=1}^{n} \sum_{i=1}^{m} (\bar{y}_{ti} - \bar{y}_i)^2$。

3）回归分析实验数据获取

通过标定 NTC 温度传感器，获取 NTC 温度传感器阻值与温度的对应数据。

（1）Pt100 铂电阻温度传感器

铂电阻温度传感器精度高，应用温度范围广，且具有很好的重现性和稳定性，是中低温区（ $-200℃ \sim 650℃$ ）最常用的一种温度检测器。通常使用的铂电阻温度传感器 Pt100 是 0℃ 阻值为 100 Ω，采用这种铂电阻作为标准测温器件来定标其他温度传感器的温度特性曲线，首先要对铂电阻本身进行定标。

按 IEC751 国际标准，铂电阻温度系数 TCR 定义如下：

$$TCR = (R_{100} - R_0)/(R_0 \times 100) \tag{3.30}$$

式中，R_{100} 和 R_0 分别是 100℃ 和 0℃ 时标准电阻值（ $R_{100} = 138.51$ Ω，$R_0 = 100.00$ Ω ），代入上式可得到 Pt100 的 TCR 为 0.003 851。

Pt100 铂电阻的阻值随温度变化的计算公式如下：

$$R_t = R_0 [1 + At + Bt^2 + C(t-100)t^3] \quad (-200℃ < t < 0℃) \tag{3.31}$$

式中，R_t 表示在温度为 t 时的电阻值；系数 A、B、C 分别为 $A = 3.908 \times$

$10^{-3}℃^{-1}$，$B = -5.802 \times 10^{-7}℃^{-2}$，$C = -4.274 \times 10^{-12}℃^{-4}$。

因为 B、C 相较于 A 较小，所以公式可近似为：

$$R_t = R_0(1 + At) \quad (0℃ < t < 850℃) \tag{3.32}$$

为了减小导线电阻带来的附加误差，实验中对用作标准测温器件的 Pt100 采用三线制接法。

（2）NTC 温度传感器特性

NTC 温度传感器的电阻率随着温度的升高而下降，是负温度系数的一种半导体电阻。在一定的温度范围内，半导体的电阻率 ρ 与温度 T 之间有如下关系：

$$\rho = A_1 e^{B/T} \tag{3.33}$$

式中，A_1 和 B 是与材料物理性质有关的常数，T 为绝对温度。对于截面均匀的热敏电阻，其阻值 R_T 可用下式表示：

$$\ln R_T = B\frac{1}{T} + \ln A \tag{3.34}$$

式中，$A = A_1/s$，s 为热敏电阻截面积。

可以发现 $\ln R_T$ 与 $1/T$ 呈线性关系，在实验中测得各个温度 T 下的 R_T 值后，即可通过作图求出 B 和 A 值。代入式（3.34），即可得到 R_T 的表达式。

热敏电阻的温度系数 α_T 定义为：

$$\alpha_T = \frac{1}{R_T} \cdot \frac{\mathrm{d}R_T}{\mathrm{d}T} \tag{3.35}$$

3. 实验内容及要求

1）实验内容

（1）运用冰水混合物和沸水对 Pt100 进行标定，得出 $t_实$ 与 $t_测$ 之间的关系。

（2）以 Pt100 作为标准测温器件来定标实验室中的 NTC 温度传感器，温度范围控制在室温到 100℃ 之间；测得不同温度下 NTC 温度传感器的电阻值。

（3）基于实验数据寻找实验室提供 NTC 器件的电阻温度关系的经验公式，并研究其温度系数。

2）实验要求

（1）实验前拟定好实验步骤和测量数据记录表格，记录冰水混合物和沸水对 Pt100 的测量数据、NTC 温度传感器不同温度下的电阻值。

（2）运用数学软件画出 $\ln R_T$ 与 $1/T$ 的散点图。

（3）用最小二乘法估计求出 $\ln R_T$ 与 $1/T$ 的回归方程。

（4）求出回归标准误差。

（5）给出 $\ln\hat{A}$ 与 $\hat{B}$ 的置信度为 95% 的区间估计。

（6）对回归方程进行方差分析、回归系数的显著性检验。

4. 实验器材及仪器

传感器：Pt100 铂电阻温度传感器、NTC 热敏电阻 5K B3950 探头温度传感器；温度传感器温度特性实验模块，含加热系统、恒流源、直流电桥、实验插接线等；UT52 数字万用表 1 台；PC 机 1 台；冰块、沸水若干。

5. 预习要求

1）查阅温度传感器特性测试方法，拟定 Pt100 铂电阻温度传感器、NTC 热敏电阻 5K B3950 探头温度传感器温度标定和电阻测量的操作步骤。

2）编写组合测量数据处理算法，画出程序流程图。

6. 思考题

1）分析实验数据不在拟合直线上的原因。

2）分析如何提高回归方程的稳定性。

3.5 蒙特卡洛法（MUC）评定测量不确定度

1. 实验目的

1）了解 MUC 评定测量不确定度的基本思想及其适用范围。

2）掌握分布传播的基本原理。

3）学会设定输入量的 PDF。

4）掌握 MUC 评定测量不确定度的步骤。

2. 实验原理和知识要点

1）基本概念

概率分布：给出一个随机变量取任意给定值或取值于某给定集合的概率的（随机变量）函数。一个概率分布可以采用分布函数或概率密度函数的形式表征，与单一（标量）随机变量有关时称为单变量概率分布，与多个随机变量的向量有关时称为多变量概率分布，也称联合分布。

分布函数：为确定 $g_Y(\eta)$ 这个分布函数，一个有效方法（数值方法）：

$$G_Y(\eta) = \int_{-\infty}^{\eta} g_y(z)\,\mathrm{d}z \tag{3.36}$$

对于输出量 Y，它是基于蒙特卡洛法实现分布传播。对于 Y 的概率密度函数 PDF 的正式定义是：

$$g_Y(\eta) = \int_{-\infty}^{\infty} \int_0^{\infty} g_X(\xi)\delta[\eta - f(\xi)]d\xi_N \cdots d\xi_1 \tag{3.37}$$

式中，δ 为狄拉克函数。

这种多重积分一般无法进行解析评估。可按数值积分规则得到一个近似的 $g_Y(\eta)$，但这不是一个有效的方法。

包含区间：由分布函数可以确定一个包含区间。假设用 α 表示一个从 0 到 $1-p$ 的数值，这里 p 是要求的包含概率，被测量 Y 对应 $(100p)\%$ 的包含区间的端点是：$G_Y^{-1}(\alpha)$ 和 $G_Y^{-1}(\alpha+p)$。这里，α 和 $\alpha+p$ 是 $G_Y(\eta)$ 对应的量。

当 $\alpha = \dfrac{1-p}{2}$ 时，则包含区间由 $\dfrac{1-p}{2}$ 和 $\dfrac{1+p}{2}$ 决定，得到 $(100p)\%$ 概率不对称的包含区间。当被测量的概率分布是关于估计值 y 的对称分布，按此方法得到的包含区间与 GUM 方法得到的 $y \pm U_p$ 是相同的。GUM 方法一般并不知道如何分析 Y 的概率分布。

当被测量的概率分布是关于估计值 y 的对称分布时，用包含概率 $(100p)\%$ 最短包含区间更合适。此时 α 应满足：

$$g_Y[G_Y^{-1}(\alpha)] = g_Y[G_Y^{-1}(p+\alpha)] \tag{3.38}$$

上式的含义是，左端点与右端点之外包含的输出量的个数相同。

若 $g_Y(\eta)$ 是一个单峰模型，则 $G_Y^{-1}(p+\alpha) - G_Y^{-1}(\alpha)$ 是最小的。图 3.1 给出了概率密度函数 PDF 不对称对应的概率分布函数 $g_Y(\eta)$。图中，两条垂直虚线表示 95% 对称概率分布下的包含区间的端点，对应的两条水平虚线表示相应的概率，即 0.025 和 0.975；两条垂直实线表示 95% 不对称概率分布下的包含区间的端点，对应的两条水平实线表示相应的概率，即 0.006 和 0.956。95% 的包含区间长度分别为 1.76 和 1.69。

2）MCM 基本原理

MCM 法： 应用与输出量相关的输入量的概率分布采样数值方法确定输出量的概率分布的方法。

图 3.2 描述的是，由输入量 X_i（$i = 1, 2, \cdots, N$）的 PDF，通过测量模型传播，给出输出量的 PDF 的一个过程示意。图中，列出了分别为相互独立的正态分布、均匀分布和正态分布的 3 个输入量，而输出量的 PDF 显示为分布不对称的情形。

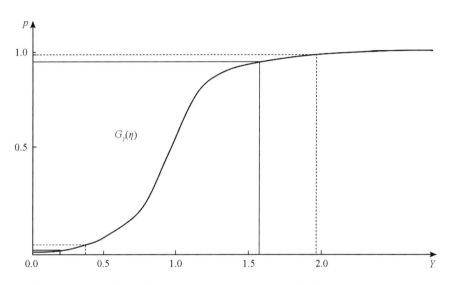

图 3.1   对称与非对称 PDF 的分布函数 G_y（η）对应的 95% 最短包含区间

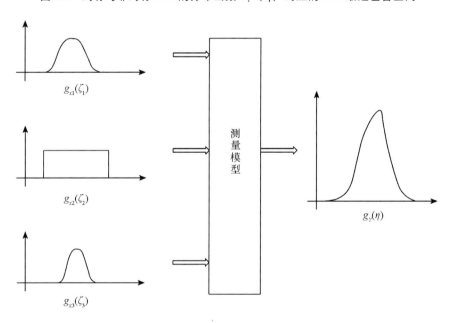

图 3.2   输入量独立时分布传播的描述

3）MCM 实施步骤

测量不确定度评估包括公式化、传播和总结报告 3 个阶段。公式化阶段主要包括建立输出量和输入量之间函数关系的测量模型和确定输入量概率分布（即输入量的 PDF）；传播阶段主要包括对输入量模拟抽取样本值并计算相应的输出量模型值；总结报告阶段主要包括输出量模型值排序，确定相应的估计值、标准不确定度和约定包含概率的包含区间。具体实施步骤如下。

Step 1　MCM 输入。

（1）定义输出量 Y，即需测量的量（被测量）；

（2）确定与输出量 Y 相关的输入量 X_1，X_2，$\cdots$，X_N，即测量不确定度来源分析；

（3）建立输出量 Y 和输入量 X_1，X_2，$\cdots$，X_N 之间的测量模型 $Y = f(X_1, X_2, \cdots, X_N)$；

（4）利用可获信息，为输入量 X_i 设定 PDF——正态分布、矩形（均匀）分布等；

（5）选择蒙特卡洛试验样本量的大小 M。

Step 2　MCM 传播。

（1）从输入量 X_i 的 PDF $g_{x_i}(\xi_i)$ 中抽取 M 个样本值 x_{ir}（$i = 1$，2，$\cdots$，N；$r = 1$，2，$\cdots$，M）；

（2）对输入量的样本矢量（x_{1r}，x_{2r}，$\cdots$，x_{Nr}），计算相应输出量 Y 的模型值 $y_r = f(x_{1r}, x_{2r}, \cdots, x_{Nr})$，$r = 1$，$2$，$\cdots$，$M$。

Step 3　MCM 输出与结果报告。

将 M 个输出量的模型值按严格递增次序排序，通过这些排序的模型值而得到输出量 Y 的分布函数 $G_Y(\eta)$ 的离散表示 G。

（1）由 $G_Y(\eta)$ 确定被测量 Y 的估计值 y 及 y 的标准不确定度 $u(y)$。

被测量 Y 的估计值 y 的期望是 $E(Y)$，估计值的标准不确定度 $u(y)$ 由 Y 的标准偏差给出，即输出量 Y 的方差的正平方根。

$$\begin{cases} y = E(Y) \\ u(y) = \sqrt{V(Y)} \end{cases}$$

（2）由 $G_Y(\eta)$ 确定在给定包含概率 p 时被测量 Y 的包含区间 $[y_{\text{low}}, y_{\text{high}}]$。

Step 4　用 Excel 演示 MCM 法实施过程示例。

（1）与输入量有关的信息和测量模型

假设有两个输入量，分别在区间 $[2, 4]$ 和区间 $[5, 10]$ 服从均匀分布和三角分布，且测量模型为 $Y = x_1/x_2$。为方便演示，将与输入量有关的信息和测量模型输入到 Excel 的工作表中，如图 3.3 所示。

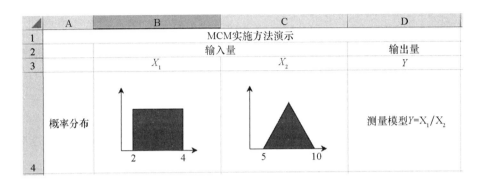

图 3.3　与输入量有关的信息和测量模型

（2）输入量模拟抽样

在 Excel 工作表的 B5 和 C5 单元格中分别输入两个输入量的抽样函数，即 "=2+（8-2）*RAND（）" 和 "=5+（10-5）/2*（RAND（）+RAND（））"，其中，RAND（）为产生大于或等于 0 且小于 1 的均匀分布的随机数。假设每个输入量随机抽样次数为 100。将 B5 和 C5 单元格分别复制于 B6 到 B104 单元格和 C6 到 C104 单元格，如图 3.4 所示，其中 9～101 行行距缩小仅为演示方便。

B5		⁝ × ✓ f_x	=2+(8-2)*RAND()	
	A	B	C
5		6.614590425	6.235316563
6		3.910871762	7.229273318
7		2.983280102	6.662046134
8		5.200603397	7.319809994
102		4.234218504	6.87500223
103		6.122690799	7.718474024
104		7.663641361	8.33934148

图 3.4　输入量随机抽样

（3）计算输出量的模型值

在 Excel 工作表的 D5 单元格输入测量模型（及函数值）“ = B5/C5”，并将 D5 单元格复制于 D6 到 D104 单元格，得到所有输出量（100 个）的模型值，如图 3.5 所示。

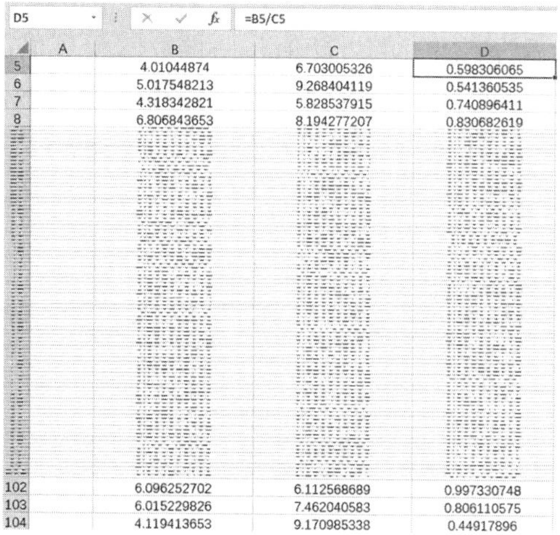

D5　=B5/C5

	A	B	C	D
5		4.01044874	6.703005326	0.598306065
6		5.017548213	9.268404119	0.541360535
7		4.318342821	5.828537915	0.740896411
8		6.806843653	8.194277207	0.830682619
102		6.096252702	6.112568689	0.997330748
103		6.015229826	7.462040583	0.806110575
104		4.119413653	9.170985338	0.44917896

图 3.5　计算输出量的模型值

（4）按从小到大顺序对输出量模型值排序

复制 D5 到 D104 单元格并选择数值粘贴于 E5 到 E104 单元格，利用 Excel 的数据下拉菜单的排序功能对 E5 到 E104 单元格进行排序，如图 3.6 所示。

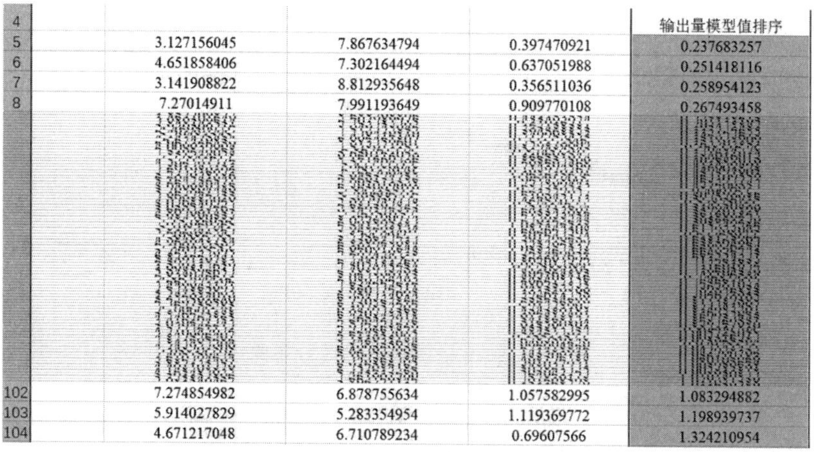

4					输出量模型值排序
5		3.127156045	7.867634794	0.397470921	0.237683257
6		4.651858406	7.302164494	0.637051988	0.251418116
7		3.141908822	8.812935648	0.356511036	0.258954123
8		7.27014911	7.991193649	0.909770108	0.267493458
102		7.274854982	6.878755634	1.057582995	1.083294882
103		5.914027829	5.283354954	1.119369772	1.198939737
104		4.671217048	6.710789234	0.69607566	1.324210954

图 3.6　输出量模型值排序

（5）计算输出量模型值的估计值、标准差和包含区间

利用 Excel 的 AVERAGE（）函数和 STDEV（）函数分别计算输出量模型值的估计值和标准差，即在某单元格输入"= AVERAGE（D5：D104）"，在另一单元格输入"= STDEV（D5：D104）"。假设包含概率为 90%，在排序后的 100 个输出量模型值中剔除前 5 个值和后 5 个值，则剩下的 90 个模型值即为 90% 包含概率的输出量的可能值，两端点的模型值即为 90% 包含概率对应的包含区间的左端点和右端点。如此即得到了包含区间，然后在某两个单元格中分别输入"= E10"和"= E99"便可得到包含区间的左右端点。如表 3.2 所示，输出量模型值的估计值为 0.42，标准差为 0.10，90% 包含概率的包含区间为 [0.26，0.56]。

表 3.2　输出量模型值的估计值、标准差和包含区间的计算

估计值	标准差	90% 概率包含区间	
		左端点	右端点
= AVERAGE（E5：E104）	= STDEV（E5：E104）	= E10	= E99

（6）输出量模型值的离散分布曲线

利用 Excel"插入"下拉菜单的"图表"选项，选择"散点图"，并选择排序后的 100 个输出量模型值，绘制出输出量模型值的分布函数曲线，如图 3.7 所示。利用 Excel 的功能也可得到频数图，即概率密度曲线。

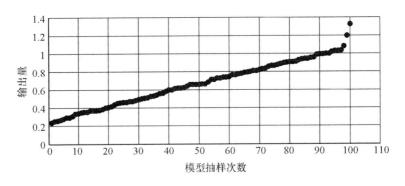

图 3.7　输出量模型值离散分布曲线

4）MCM 实施流程

MCM 的实施流程如图 3.8 所示。

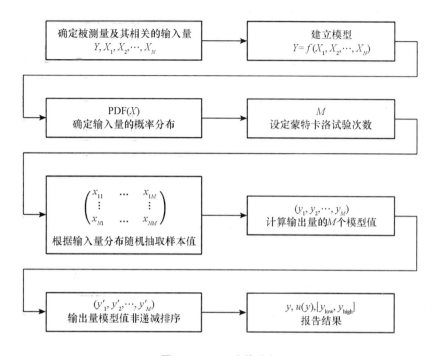

图 3.8　MCM 实施流程

5）MCM 试验次数

（1）需合理选择蒙特卡洛试验次数即样本量的大小 M，也就是测量模型计算的次数。在规定的数值容差下，MCM 所提供的结果所需的试验次数跟输出量的 PDF "形状" 及包含概率有关。

$M = 10^6$ 通常会为输出量提供 95% 包含区间，该包含区间长度被修约为 1 或 2 位有效十进制数字。

（2）M 取值应满足 $M \gg 1/(1-p)$，例如，M 至少应大于 $1/(1-p)$ 的 10^4 倍，p 为约定包含概率。

（3）因无法保证这个数是否足够，因此可使用自适应方法选择 M，即试验次数不断增加的方法。

6）测量不确定度来源

常规测量中可能的不确定度来源一般有：

（1）被测量的定义不完整；

（2）复现被测量的测量方法不理想；

（3）取样的代表性不够，即被测量的样本不能代表所定义的被测量；

（4）对测量过程受环境影响的认识不充分或对环境的监测与控制不完善；

（5）对模拟式仪器的读数存在人为偏移；

（6）测量仪器计量性能（如灵敏度、鉴别力阀、分辨力、死区及稳定性等）的局限性；

（7）测量标准或标准物质的不确定度；

（8）引用的数据或其他参量的不确定度；

（9）测量方法和测量程序的近似或假设；

（10）在相同条件下被测量在重复观测中的随机变化；

（11）修正的不完善。

上述不确定度的来源可能相关，如第（10）项可能与前面各项有关。对于那些尚未认识的系统效应，不可能在不确定度评估中予以考虑，但它可能导致测量结果的误差。

一般的测量工作中，主要从测量过程中的人员、设备、材辅料、方法、环境条件、抽样、溯源及样品考虑不确定度的来源，重点是测量设备（测量标准、测量仪器等）及其溯源性、测量环境以及测量方法的影响，特别是测量设备的长期稳定性等。可以简单地归结为"人、机、料、法、环、抽、溯、样"八个方面。

3. 实验内容及要求

实验 3.5.1　MCM 法评定游标卡尺的测量不确定度

1）实验内容

用 5 等钢制量块作为工作标准直接测量游标卡尺，建立游标卡尺示值误差的测量模型。

（1）写出测量原理及示值误差的测量模型；

（2）分析影响测量结果的因素；

（3）将分析得到的各种因素累加到理论模型中，得到经验模型。

2）实验要求

（1）分析标准量块温度偏离参考温度之差 δt_s 对长度的影响 l_s $(1 + \alpha_s \delta t_s)$；

（2）分析被校准卡尺温度偏离参考温度之差 δt 对长度的影响 l $(1 + \alpha \delta t)$；

（3）分析被校准卡尺分辨力对测量结果的影响 δl_R；

（4）分析校准过程中，测量力、阿贝误差、量爪测量面的平面度和平行度误差等机械效应对测量结果的影响 δl_M；

（5）用 MCM 方法计算得到示值误差的估计值及不确定度。

3）实验器材及仪器

5 等钢制量块，游标卡尺，温度传感器，PC 机 1 台，冰块、沸水若干。

4）预习要求

（1）查阅钢制量块的标准和测量游标卡尺的原理；

（2）分析测量示值误差的理论模型和影响测量的因素。

5）思考题

（1）各种影响因素对示值误差的影响是相同的线性关系吗？

（2）分析使用 MCM 法评定测量不确定度的处理方法。

实验 3.5.2 MCM 法评定 K 型热电偶测量不确定度

1）实验内容

（1）将待测的 K 型热电偶和标准铂铑 10 - 铂热电偶捆扎成圆形一束共同加热，在 20℃ 、40℃ 、60℃ 、80℃ 分别测量标准与被检热电偶的热电动势，每支热电偶每次读数不少于 4 次；

（2）建立温度误差关于被检和标准热电偶热电动势的测量模型；

（3）建立蒙特卡洛传递概率分布，利用 MATLAB 软件计算被检热电偶的温度误差的不确定度。

2）实验要求

（1）实验前拟定好实验步骤和测量数据记录表格，记录标准与被检热电偶的热电动势测量数据。

（2）编写基于 MCM 的 MATLAB 数据处理算法，画出程序流程图。

（3）计算被检热电偶的温度误差及不确定度，完成实验报告。

3）实验器材及仪器

加热装置，铂铑 10 - 铂标准热电偶，镍铬 - 镍硅热电偶（长度不小于 750 mm，电极直径为 1.0 mm），PC 机 1 台，数字万用表。

4）预习要求

（1）查阅 JJG 351 - 1996《工作用廉金属热电偶》规定，了解热电偶热电动势误差计算式；

（2）查阅标准热电偶证书上的标准热电偶热电动势校准值和不确定度。

5）思考题

分析使用 GUM 法评定测量不确定度的处理方法，与 MCM 方法比较哪种结果更精确？

实验 3.5.3 MCM 法评定超声波流量计的测量不确定度

1）实验内容

（1）基于时差法测量超声波流量计，将测量探头固定在水管外壁，利用超声波在流体中顺流、逆流传播速度的变化，引起超声波的传播时间变化，根据传播时间差来测量流速，同时记录管壁厚度、管道外径；

（2）建立流量关于流速、管壁厚度、管道外径的测量模型；

（3）建立蒙特卡洛传递概率分布，利用 MATLAB 软件计算被测流量的不确定度。

2）实验要求

（1）实验前拟定好实验步骤和测量数据记录表格，记录流速、管壁厚度、管道外径测量数据，测量数据不少于 10 组。

（2）编写基于 MCM 的 MATLAB 数据处理算法，画出程序流程图。

（3）计算待测流量的最佳估计值和不确定度，完成实验报告。

3）实验器材及仪器

水管和流水系统，超声波流量计 2 个，测厚仪、钢卷尺，PC 机 1 台。

4）预习要求

（1）了解时差法超声波流量计测量原理以及探头安装方式；

（2）编写 MATLAB 数据处理算法，画出程序流程图。

5）思考题

采用 MCM 法测量不确定度评定时，概率密度函数的确定与哪些因素相关？

第4章　测量原理与测量不确定度评估综合实践

本章主要介绍从测量原理、最佳测量方案设计、测量数据处理、测量不确定评估等方面设计安排的综合实践课题，以及测量不确定度评估示例。实验任务目的为让学生会确定最佳测量方案，了解测量过程中误差的发现及处理方法，掌握误差的基本特性及其处理方法，掌握测量不确定度评定的步骤，会写不确定度报告。

4.1　数字万用表的检定

1. 实验目的

1）掌握数字万用表检定的原理、方法和步骤。

2）掌握检定结果的测量不确定度评定的一般原理和步骤。

2. 测量原理和测量模型

1）测量原理

作为常规校准工作的一部分，用多功能校准仪作为工作标准，对数字万用表（DMM）电压挡 DC 点进行校准。其校准程序为：

（1）将多功能校准仪的输出端，通过合适的测量线连接到数字万用表的输入端。

（2）多功能校准仪输出设定到某一值，如 10 V，经过一段时间稳定后，记录数字万用表的读数。

（3）根据数字万用表的读数和多功能校准仪的设定输出值计算数字万用表的示值误差。

应该指出，用该校准程序得到的数字万用表示值误差中已包括了数字万用表的偏置和非线性的影响。

2）测量模型

待校准数字万用表的示值误差 E_x 可表示为：

$$E_x = V_{ix} - V_s \tag{4.1}$$

考虑到数字万用表的有限分辨力对测量结果的影响以及作为参考标准的校准仪电压值漂移或不稳定对测量结果的影响，测量模型表示为：

$$E_x = V_{ix} - V_s + \delta V_{ix} - \delta V_s \tag{4.2}$$

式中，V_{ix} 为由数字万用表所测得的电压值；V_s 为多功能校准仪输出电压，即校准中所用的参考标准；δV_{ix} 为数字万用表有限分辨力对测量结果的影响；δV_s 为由于下述原因对多功能校准仪电压值的综合影响：

（1）自上次校准以来，校准仪电压值的漂移；

（2）偏置、非线性以及增益变化等效应对校准仪电压值的影响；

（3）环境温度对校准仪电压值的影响；

（4）电源电压的影响；

（5）被校准数字万用表的有限输入阻抗所引起的载荷效应。

3. 实验内容及要求

1）确定数字万用表 DC 电压挡不确定度分量，包括：数字万用表读数引入的不确定度、参考标准引入的不确定度、被校准数字万用表的分辨力引入的不确定度和其他因素对多功能校准仪电压值影响引入的不确定度。

2）各档的测量标准不确定度合成。

3）被测量分布的估计。

4）确定各档检定的扩展不确定度。

5）写出结果报告。

4. 实验器材及仪器

多功能标准仪 1 台，数字万用表 1 台。

5. 思考题

1）测量不确定度分量中，判断某一个分量是否为优势分量的判据是什么？

2）如何估计被测量分布？

6. 数学注释

如果在测量不确定度概算中，有 N 个不确定度分量，其中有一个分量是明显占优势的分量，并假定它为 $u_1(y)$，那么测量结果的合成标准不确定度 $u_c(y)$

可以表示为：

$$u_c(y) = \sqrt{u_1^2(y) + u_R^2(y)} \tag{4.3}$$

式中，$u_R(y)$ 为所有其他非优势分量的合成，即

$$u_R(y) = \sqrt{\sum_{i=2}^{N} u_i^2(y)}$$

只要这些非优势分量的合成标准不确定度 $u_R(y)$ 与优势分量 $u_1(y)$ 之比不大于 0.3，则式（4.3）表示为：

$$u_c(y) = u_1(y) \cdot \sqrt{1 + \frac{u_R^2(y)}{u_1^2(y)}} \approx u_1(y) \cdot \left[1 + \frac{1}{2}\left(\frac{u_R(y)}{u_1(y)}\right)^2 \right] \tag{4.4}$$

这一近似的相对误差小于 1×10^{-3}。而方括号内的因子对标准不确定度的影响不超过 5%，这一影响对测量不确定度来说是可以接受的。

4.2　同时测量电阻、电抗和阻抗

在同一测量中有多个被测量需要同时测定时，如何处理它们之间的相关性是实践中经常遇到的问题。为突出相关性的处理方法，本实验中只考虑各输入量在多次重复测量中的随机变化，所有系统影响的修正以及由此引起的不确定度分量均被忽略。

1. 实验目的

1）掌握最佳测量方案确定方法。

2）掌握多个被测量同时测定时它们相关性的处理方法。

3）掌握测量结果的测量不确定度评定的步骤。

2. 实验任务

同时测量交流电路中某元件的电阻 R、电抗 X 和阻抗 Z，并给出它们的测量不确定度。

3. 任务基本要求

1）设计最佳测量方案，提出需要的仪器设备；

2）根据测量方案，确定实验程序和操作步骤；

3）获取实验数据，并对数据进行处理；

4）测量不确定度分析（不确定度来源）；

5）评定标准不确定度分量（注意相关系数的确定）；

6）评定合成标准不确定度；

7）确定扩展不确定度；

8）给出测量结果报告。

4. 实验发挥部分

1）用两种方法计算被测量的最佳估计值，并比较两种方法的优缺点。

2）基于 MATLAB/LabVIEW 语言编写测量数据处理程序。

4.3　BDS 导航仪单点静态定位精度评定

BDS（北斗系统）导航仪是无人机、无人车等装备智能感知的主要设备之一，其精度是影响装备导航定位与测量系统精度的关键参数。BDS 导航仪定位精度评定是产品生产商和用户十分关注的问题。

1. 实验目的

1）了解基于卫星信号的测量和定位基本原理。

2）掌握 BDS 导航仪单点静态定位精度评定方法。

2. 实验任务

1）在篮球场选取一个 ≥20 m × 10 m 的矩形区域，采用多次测量取平均的方法，获得试验区域的位置参数。

2）采用 3 种型号以上的 BDS 导航仪获取矩形区域 4 个顶点的位置参数，利用测量数据处理方法提高测量结果精度，对最终测量结果进行评定。

3. 任务基本要求

1）提出需要的仪器设备，并查阅其有关技术指标；

2）实验获取数据，并对数据进行处理；

3）测量不确定度分析（不确定度来源）；

4）标准不确定度分量的评定；

5）合成标准不确定度评定；

6）确定扩展不确定度；

7）给出测量结果报告。

4. 实验发挥部分

基于 BDSim 仿真系统对导航仪定位精度进行评估。

（BDSim 仿真系统功能和使用说明参见第 6 章第 6.3 节）。

4.4　直接测量的不确定度评估示例

在直接测量中，被测量值或其对标准量的差值直接由测量装置显示出来，其测量不确定度来源除测量环境和测量人员外，主要出自该测量装置及其具体测量方法。若在多次全面调整下重复测量，则在数据列的变动中，已含有除标准量之外的大部分不确定度影响因素。因此，对数据的分析处理至关重要。下面以检定量块为例来加以说明。

例 4.1 检定 5 等 10 mm 量块。

1. 测量现况

1）测量对象：5 等 10 mm 量块，依据 JJC 146 – 1994 量块检定规程。

2）测量过程：在立式光学比较仪上，以 4 等 10 mm 量块为标准调整零点，对 5 等 10 mm 量块进行 10 次重复比较测量。

3）测量标准：4 等 10 mm 量块，修正量为 $-0.1\ \mu m$，扩展不确定度 $U_{99} = 0.2\mu m$，包含因子 $k = 2.7$。

4）测量环境：恒温室温度（20 ± 2）℃。

2. 数学模型与测量结果

$$L = L_0 + \Delta$$

式中，L 为被测量块的中心长度；L_0 为作为标准的 4 等量块实际中心长度；Δ 为量仪示值。

在一般的测量中，首先应按所测得数据与测量数学模型给出最佳测量结果。"测量不确定度指南"主要目的在于统一规范测量不确定度的表述，因而避开了测量数据存在异常值或有粗大误差影响的情况，以及分析并修正系统误差的要求。然而，实际测量数据处理中，这些方面均应综合考虑，且一并处理，才能得出测量结果及其不确定度的最佳估计。显然，不同的测量结果，其不确定度也各异，因此得出可靠的测量结果应是首位的。

对被测量块在立式光学比较仪上，进行 10 次重复比较，测量所得的示值为 $\{\Delta\} = \{0.5,\ 0.7,\ 0.4,\ 0.5,\ 0.3,\ 0.6,\ 0.5,\ 0.6,\ 1.0,\ 0.4\}\ \mu m$。其

中 $\Delta_9 = 1.0\mu m$ 疑有异常，一种数据处理方案是：在正态分布特性下的传统数据处理方法。

（1）求均值和标准差：

$$\bar{\Delta} = \sum_{k=1}^{10} \Delta_k / 10$$
$$= (0.5 + 0.7 + 0.4 + 0.5 + 0.3 + 0.6 + 0.5 + 0.6 + 1.0 + 0.4)\mu m / 10$$
$$= 0.55\mu m$$

$$s = \sqrt{\sum_{k=1}^{10} (\Delta_k - \bar{\Delta})^2 / (10 - 1)}$$
$$= [(-0.05)^2 + 0.15^2 + (-0.15)^2 + (-0.05)^2 + (-0.25)^2 + 0.05^2$$
$$+ (-0.05)^2 + 0.05^2 + 0.45^2 + (-0.15)^2]^{1/2}\mu m / 3$$
$$= 0.196\mu m$$

（2）判别粗大误差：按 Grubbs 准则，在显著性水平 $\alpha = 0.05$ 下，查表得 $G_{0.05} = 2.18$

$$(\Delta_9 - \bar{\Delta}) / s = (1.0 - 0.55) / 0.196 = 2.29 > G_{0.05} = 2.18$$

判别为可剔除 Δ_9。

（3）求剔除 Δ_9 后的均值和标准差：

$$\bar{\Delta} = \sum_{k=1}^{9} \Delta_k / 9$$
$$= (0.5 + 0.7 + 0.4 + 0.5 + 0.3 + 0.6 + 0.5 + 0.6 + 0.4)\mu m / 9$$
$$= 0.50\mu m$$

$$s = \sqrt{\sum_{k=1}^{9} (\Delta_k - \bar{\Delta})^2 / (9 - 1)}$$
$$= [0 + 0.2^2 + (-0.1)^2 + 0 + (-0.2)^2 + 0.1^2 + 0 + 0.1^2$$
$$+ (-0.1)^2]^{1/2} / 2.8$$
$$= 0.122\mu m$$

（4）测量结果：按测控数学模型，并计及 4 等 10 mm 量块的修正量后，得 5 等 10 mm 量块的测量结果为

$$L = L_0 + \bar{\Delta} = 10\ mm - 0.0001\ mm + 0.0005\ mm = 10.0004\ mm$$

分析剔除 Δ_9 的合理性。按 Grubbs 准则在显著性水平 $\alpha = 0.05$ 下剔除 Δ_9，依据的是数据的正态性。若在判别粗大误差前，先检验数据的正态性，则更为合理。数据的偏、峰度正态性检验显示，该 10 个数据不符合正态性条件，又在判别粗大误差中，按 Grubbs 准则，在显著性水平 $\alpha = 0.01$ 下，$G_{0.01} = 2.41$。这时 $(\Delta_9 - \bar{\Delta}) / s = 2.29 < G_{0.01} = 2.41$，则判别为应保留 Δ_9。可见，按

Grubbs 准则的数据处理存在一些相互矛盾的结果。此情况下，推荐采用稳健性数据处理方法，如广义最大似然估计、稳健性 L 估计等方法处理。

3. 输入量的标准不确定度

1）L_0 的标准不确定度 $u(L_0)$

4 等 10 mm 量块的扩展不确定度 $U_{99} = 0.2\,\mu m$，包含因子 $k = 2.7$，因此其标准不确定度为：

$$u(L_0) = U_{99}/k = 0.2/2.7\,\mu m = 0.074\,\mu m$$

2）Δ 的标准不确定度 $u(\Delta)$

示值的标准不确定度 $u(\Delta) = s_{T0.1} = 0.105\,\mu m$。而测量结果按均值 $\bar{\Delta}_{T0.1}$ 计算，其标注不确定度应为

$$u(\bar{\Delta}_{T0.1}) = s_{T0.1}/\sqrt{8} = 0.037\,\mu m$$

3）标准不确定度分量汇总表

10 mm 量块测量的上述标准不确定度分量汇总见表 4.1。

表 4.1　10mm 量块测量标准不确定度分量汇总表

输入量(x_i)/ mm	标准不确定度 ($u(x_i)$)/μm	灵敏系数(c_i)	概率分布	包含因子(k)	备注
$L_0 = 10 - 0.000\,1$	$u(L_0) = 0.074$	1	正态分布	2.7	——
$\bar{\Delta} = 0.000\,525$	$u(\bar{\Delta}) = 0.037$	1	正态分布	3	——
测量结果	$L = L_0 + \bar{\Delta}$ $= 10.000\,43$ mm	合成不确定度	$u_c(L) = 0.083\,\mu m$	扩展不确定度	$U(L) = 0.25\,\mu m$

4. 合成不确定度

按数学模型可得灵敏系数均为 1，因此

$$u_c = \sqrt{u^2(L_0) + u^2(\bar{\Delta}_{T0.1})} = \sqrt{0.074^2 + 0.037^2}\,\mu m = 0.083\,\mu m$$

5. 扩展不确定度

包含因子 $k = 3$，因此扩展不确定度为

$$U = ku_c = 3 \times 0.083\,\mu m = 0.25\,\mu m$$

6. 测量结果及其不确定度报告

5 等 10 mm 量块的测量结果确定为 $L = 10.000\,43$ mm，其扩展不确定度 $U = 0.25\,\mu m$。因此测量结果及其不确定度报告为：

5 等 10 mm 量块的中心长度：10.000 43 mm ± 0.000 25 mm。

4.5 间接测量的不确定度评估示例

间接测量的被测量值并非直接测量所得，而是按与之有关的物理量或测量量依据其间的数学关系（即数学模型）计算得出。虽然测量方法不同，但是在测量不确定度评估上，仍按数学模型与间接测量过程分析不确定度来源为起点，同样，仍按评估标准不确定度分量、合成不确定度扩展不确定度直至报告测量结果及其不确定度的步骤进行。因此，间接测量结果及其不确定度报告的基本内容和形式与前述的直接测量结果及其不确定度报告并无本质不同，只是在分析其不确定度来源及其标准不确定度分量的评估上有些差异，需按间接测量过程的特点作用，如其中含有与间接测量的被测量有关的直接测量量的不确定度评估等。间接测量的不确定因素通常都会比直接测量的多一些，然而，其测量准确度却未必比之低。只要测量方案拟定得当，也能达到较高的准确度。

例 4.2 金属试件拉伸强度测量。

1. 测量原理

金属试件的横截面为圆形。拉伸强度以试验过程中试件断裂时的最大作用力除以试件截面积来表示。忽略温度和应变率对测量结果的影响。试件直径用千分尺测量。

2. 测量模型

在温度和其他条件不变时，拉伸强度可以表示为：

$$R_{\mathrm{m}} = \frac{F}{A} = \frac{4F}{\pi d^2} \tag{4.5}$$

式中：R_{m} 为拉伸强度；A 为试件截面积；d 为试件直径；F 为试件断裂时的拉力。

由于测量模型中仅包含输入量的积和商，被测量 R_{m} 的合成方差为

$$u_{\mathrm{c\,rel}}^2(R_{\mathrm{m}}) = u_{\mathrm{rel}}^2(F) + 2^2 u_{\mathrm{rel}}^2(d) \tag{4.6}$$

3. 测量不确定度分量

1）直径测量不确定度 $u_{\mathrm{rel}}(d)$

被测试件标称直径为 10 mm。直径测量的不确定度由两部分组成：千分

尺的示值误差导致的不确定度和操作者引入的测量不确定度。

（1）千分尺示值误差导致的不确定度 $u_1(d)$

若千分尺的最大允许误差为 $\pm 3\mu m$，以均匀分布估计，则

$$u_1(d) = \frac{3\mu m}{\sqrt{3}} = 1.73\mu m$$

（2）由操作者引入的测量不确定度 $u_2(d)$

根据经验估计，由操作者引入的测量误差在 $\pm 10\mu m$ 范围内，以均匀分布估计，则

$$u_2(d) = \frac{10\mu m}{\sqrt{3}} = 5.77\mu m$$

两者合成后，得直径测量的标准不确定度为：

$$u(d) = \sqrt{1.73^2 + 5.77^2}\,\mu m = 6.02\mu m$$

若以相对不确定度表示，则为：

$$u_{rel}(d) = \frac{6.02 \times 10^{-3}}{10} = 0.06\%$$

2）拉力测量的不确定度 $u_{rel}(F)$

拉力 F 的测量不确定度来源于仪器校准的不确定度、仪器的测量不确定度和读数不确定度三方面。

（1）仪器校准的不确定度 $u_{1rel}(F)$

若仪器校准的扩展不确定度为 $U_{95} = 0.2\%$，以正态分布估计，则标准不确定度为：

$$u_{1rel}(F) = \frac{0.2\%}{2} = 0.1\%$$

（2）仪器的测量不确定度 $u_{2rel}(F)$

若仪器的测量不确定度为 $U_{95} = 1.0\%$，同样以正态分布估计，则标准不确定度为

$$u_{2rel}(F) = \frac{1\%}{2} = 0.5\%$$

（3）读数不确定度 $u_{3rel}(F)$

采用满刻度为 200 kN、分度值为 0.5 kN 的指针式拉力测量仪器，若读数引入的最大误差为分度值的五分之一，即 $\pm 0.1kN$，依相对值估计即为 $\pm 0.05\%$。

被测件不一定在满刻度处断裂，并且在选择仪器的测量范围时通常使断

裂时指针的位置不小于满刻度的五分之一，假设测量时断裂即发生在该处，即测得试件断裂时的拉力为 40 kN，则 ±0.1kN 即相当于 ±0.25%。假定其为均匀分布，故标准不确定度为：

$$u_{3rel}(F) = \frac{0.25\%}{\sqrt{3}} = 0.144\%$$

拉力测量的不确定度为：

$$u_{rel}(F) = \sqrt{u_{1rel}^2(F) + u_{2rel}^2(F) + u_{3rel}^2(F)}$$
$$= \sqrt{(0.1\%)^2 + (0.5\%)^2 + (0.144\%)^2}$$
$$= 0.53\%$$

4. 不确定度概算

各测量不确定度分量汇总见表 4.2。

表 4.2　给出各测量不确定度分量的汇总表

测量不确定度来源	误差限	分布	$u(x)/\mu m$	$u_{rel}(x)/\%$	c_i	$u_{i\,rel}(y)/\%$
直径测量			6.02	0.06	2	0.12
示值误差	$3\mu m$	均匀	1.73			
读数误差	$10\mu m$	均匀	5.77			
拉力测量				0.53	1	0.53
仪器校准	0.2%	正态		0.1		
仪器测量	1.0%	正态		0.50		
读数	0.25%	均匀		0.14		
注：合成标准不确定度：$u_{c\,rel}(R_m) = 0.543\%$，$u_c(R_m) = 2.8$ N/mm^2。						

5. 合成标准不确定度，$u_{c\,rel}(R_m)$

$$u_{c\,rel}(R_m) = \sqrt{u_{rel}^2(F) + 2^2 u_{rel}^2(d)} = \sqrt{(0.53\%)^2 + (0.12\%)^2} = 0.543\%$$

6. 测量结果

$$R_m = \frac{4F}{\pi d^2} = \frac{4 \times 40 \times 10^3}{\pi \times 10^2} \text{N/mm}^2 = 509.3 \text{ N/mm}^2$$

合成标准不确定度 $u_c(R_m)$ 为

$$u_c(R_m) = R_m \cdot u_{c\,rel}(R_m) = 509.3 \text{ N/mm}^2 \times 0.543\% = 2.8 \text{ N/mm}^2$$

7. 扩展不确定度，$U（R_\mathrm{m}）$

取包含因子 $k = 2$，则

$$U（R_\mathrm{m}）= 2u_c（R_\mathrm{m}）= 5.6 \ \mathrm{N/mm^2}$$

8. 测量不确定度报告

拉伸强度 R_m = （509.3 ± 5.6） $\mathrm{N/mm^2}$。其中扩展不确定度 $U = 5.6 \ \mathrm{N/mm^2}$ 是由标准不确定度 $u_c = 2.8 \ \mathrm{N/mm^2}$ 乘以包含因子 $k = 2$ 得到。

9. 评注

1）本例的测量不确定度评定过程比较简单，占优势分量为正态分布，故被测量应接近正态分布，但不计算自由度。得到合成标准不确定度后，取 $k = 2$ 即得到扩展不确定度。对于具体的材料性能检测来说，其不确定度来源一般不可能考虑得像校准那样十分仔细，通常考虑几项较大的不确定度分量即可。本例直接将计算公式作为测量模型。

2）本例是各输入量相乘的测量模型，故要用相对不确定度来进行计算。而在各不确定度分量的评定中，直径 d 用绝对不确定度表示，因而必须将其换算到相对不确定度。而在得到拉伸强度的相对不确定度后，再换算到绝对不确定度，其原因是拉力测量读数所引入的不确定度与断裂时拉力的大小无关，故即使用相对不确定度表示，其数值也还与拉力大小有关。

3）本例给出的是某一特定试件拉伸强度的测量不确定度评定。如果被测量不是某一特定试件的拉伸强度，而是某种材料的拉伸强度，那么通常要置备若干个试件进行重复测量，最后给出各试件测量结果的平均值。这时的测量不确定度评定应将各试件测量结果的发散（实验标准差）作为一个测量不确定度分量。也就是说，要考虑试件之间性能的差异对测量结果的影响。

4）材料拉伸强度测量不确定度的评定与水泥抗压强度的测量不确定度的测量原理几乎相同，测量模型也完全一样，只需要将拉力改为压力即可。两者的差别仅是水泥试件的横截面一般为矩形，而不是圆形。

5）对于检测来说，其检测对象一般是具体的材料、样品或工件。与检定或校准不一样，其检测结果一般不会继续往下传递。因此对检测结果的不确定度评定通常可以简单一些。例如，将计算公式作为测量模型，对被测量的分布不再进行估计，也不考虑自由度，而直接取包含因子 $k = 2$。

4.6 基于 MATLAB 的 MCM 测量不确定度评估示例

例 4.3 用 Fluke 5720A 多功能校准仪校准 6 位半数字万用表 220V 挡直流电压示值误差测量不确定度的评估。

1. 测量方法及不确定度来源分析

使用 Fluke 5720A 多功能校准仪校准 6 位半数字万用表 220V 直流电压，其校准程序为：将多功能校准仪的输出端与数字万用表输入端相连接；设定多功能校准仪 220.000 0 V，稳定后记录数字万用表的读数；根据数字万用表读数和多功能校准仪设定输出值计算数字万用表示值误差。其不确定度来源主要有：

1）自上次校准以来，校准仪电压值的漂移；
2）偏置、非线性以及增益变化等效应对校准仪电压值的影响；
3）环境温度对校准仪电压值的影响；
4）电源电压的影响；
5）被校准数字万用表的有限输入阻抗所引起的载荷效应。

2. 测量模型

由校准数字万用表示值误差的测量模型公式得到：

$$E_x = V_{ix} - V_s + \delta V_{ix} - \delta V_s \tag{4.7}$$

式中，V_{ix} 为由数字万用表所测得的电压值；V_s 为多功能校准仪输出电压；
δV_{ix} 为数字万用表分辨力对测量结果的影响；
δV_s 为由于多种原因对多功能校准仪设定输出电压值的综合影响。

3. 各输入量概率分布

各输入量概率分布及相关信息如表 4.3 所示。

表 4.3　6 位半数字万用表直流电压校准测量模型的输入概率分布及可获得信息

输入量	获得信息				概率分布
	M	σ	a	b	
V_{ix}	注 1	注 1			$N(\mu, \sigma^2)$
V_s	注 2	注 2			$N(\mu, \sigma^2)$
δV_{ix}			$-50\mu V$	$50\mu V$	$R(a, b)$
δV_s			注 3	注 3	$R(a, b)$
注 1	根据需要或参照规程，在 22～220V 范围内均布 10 点校准直流电压，假设被校准表读数为 0，期望值为多功能校准仪设定的电压 V_x。因采用数字显示方式，故可假定读数本身并不引入误差，因此标准差为 0				
注 2	Fluke 5720A 多功能校准仪说明书（或校准证书）给出电压在 220V 挡对应包含概率 95% 的扩展不确定度为：$U_{95} = 5 \times 10^{-6} V_{ix} + 40\mu V$，期望为设定电压 V_x，标准差为 $U_{95}/2$				
注 3	当使用温度偏离参考温度 ±5℃ 时，考虑到温度修正，查 Fluke 5720A 多功能校准仪说明书：该影响量最大允许值为 $\Delta = \pm(0.3 \times 10^{-6} V_x + 5\mu V)$，$a = -(0.3 \times 10^{-6} V_x + 5\mu V)$，$b = -(0.3 \times 10^{-6} V_x + 5\mu V)$				

4. MATLAB 实现的程序代码

同样，为方便程序编写，用 x_1，x_2，x_3 和 x_4 替代 V_{ix}，V_s，δV_{ix} 和 δV_s，并用 E 替代 E_x，测量模型可写成：

$$E = x_1 - x_2 + x_3 - x_4$$

MATLAB 实现的程序代码如下：

```
>> clear;
randn('state', 0);
rand('state', 0);
format long;
V = 10^6 * linspace(22.1, 220, 10);
U95 = 5 * 10^-6 * V + 40;
a = -(0.3 * 10^-6 * V + 5);
b = (0.3 * 10^-6 * V + 5);
M = 1000000;
for k = 1: 10
```

```
    x1 = normrnd (V (k), 0, 1, M);
    x2 = normrnd (V (k), U95 (k) /2, 1, M)
    x3 = unifrnd (-50, 50, 1, M);
    x4 = unifrnd (a (k), b (k), 1, M);
    E = x1 - x2 + x3 - x4;
    Emu (k,:) = (mean (E));
    Estd (k,:) = (std (E));
    Elow (k,:) = ([prctile (E, 2.5)]);
    Ehigh (k,:) = ([prctile (E, 97.5)]);
end
VC = linspace (22, 220, 10)
Y {1, 1} = round (1000 * Emu') /1000;
Y {2, 1} = round (10 * Estd') /10;
Y {1, 2} = round (10 * Elow') /10;
Y {2, 2} = round (10 * Ehigh') /10;
Y {:}
X = 2 * Estd; Y = V'; YY = [ones (length (Y), 1), Y];
b = regress (X, YY);
U = b (1) + b (2) * V;
subplot (1, 2, 2);
plot (V', 2 * Estd);
grid on;
xlabel ('电压示值/uV');
ylabel ('扩展不确定度/uV');
hold on ;
subplot (1, 2, 2);
plot (V, U, 'r - - ');
title ('电压与不确定度');
subplot (1, 2, 1);
hist (E, 80);
grid on;
```

运行结果如下，绘制的示值误差概率分布和校准测量不确定与电压校准值的函数关系如图 4.1 所示。

```
22   44   66   88   110   132   154   176   198   220
ans = [0.172, 0.0783, 0.076, − 0.0287, − 0.22, 0.458, − 0.421, 0.364,
       − 0.514, − 0.515]
       [80.8, 134.0, 188.0, 243.0, 297.0, 352.0, 407.0, 462.0, 517.0, 572.0]
       [− 158.0, − 262.0, − 368.0, − 476.0, − 584.0, − 690.0, − 798.0,
       − 905.0, − 1011.0, − 1122.0]
       [158.0, 262.0, 369.0, 475.0, 582.0, 691.0, 798.0, 906.0, 1011.0,
       1122.0]
b = 48.655748869950607
    0.000004974214260
```

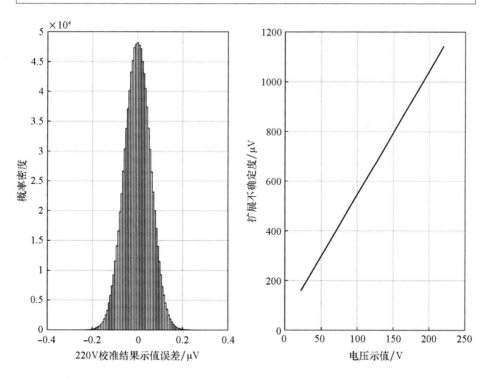

（a）220V 校准结果的示值误差概率分布　　　（b）电压与不确定度

图 4.1　6 位半数字万用表示值误差概率分布及不确定度与电压的关系

结果中，首行为校准点，第三至第六行分别为示值误差平均值、标准差、95% 对称概率包含区间的左右端点。b 的两个值分别为拟合直线的截距和斜率，由此扩展不确定度与示值误差可近似表示为：

$$U = (48.655\,748\,7 + 0.000\,004\,974 V_x)，k = 2$$

其中，V_x 的单位为 V。

稍做圆整，上式可写成：

$$U \approx 49\mu\text{V} + 5 \times 10^{-6} V_x，k = 2$$

可以看出，例 4.3 的 6 位半数字万用表校准示值的概率分布服从正态分布。

4.7 卫星导航定位系统距离测量与定位

1. 实验目的

1）熟悉卫星导航定位系统的组成与功能，掌握卫星导航定位系统距离测量与定位原理、方法与数学模型。

2）熟悉仿真软件 BDSim 和北斗导航定位接收机仿真平台的操作方法，了解北斗导航接收机的操作使用方法。

3）掌握距离测量与定位实验设计、测量操作设计方法和测量数据获取方法，解算相应的距离和定位结果，并进行误差分析。

2. 实验内容

1）熟悉 BDSim 仿真实验平台，通过"仿真实验指导书"学习其中卫星导航定位系统距离测量与定位原理部分内容，了解仿真实验平台的组成和使用环境。

2）熟悉北斗导航定位接收机仿真平台的操作方法，掌握通过采集卫星数据进行距离和位置解算的方法。

3）操作北斗导航接收机进行实际的卫星数据接收，编写 MATLAB 程序对数据进行处理，结合北斗导航定位接收机仿真平台，解算实际距离和位置，通过仿真和实测，分析误差来源和误差结果。

3. 实验要求

1）仔细阅读实验指导书，熟悉实验内容；

2）做好实验记录，保存实验程序；

3）按要求撰写实验报告。

4. 实验原理

1）BDS 距离测量原理与方法

设卫星上有原子钟，地面装备（接收机）有晶振，那么如果能测得一个无线电信号从卫星至地面的时间差，就可以得到卫星到装备的距离。根据无线电传播理论，卫星和接收机之间的距离为：

$$\rho = c(t_R - t_S) \tag{4.8}$$

式中，ρ 为接收机测得距离；c 为光速；t_S 为卫星发射信号的时刻；t_R 为信号到达接收机的时刻。

对于卫星导航定位，导航卫星即为发射信号的基准。相对于静止的固定基准，卫星这个基准是随着时间运动的，因此需要将卫星的位置告知用户。卫星的位置是通过卫星和接收机之间的通信，由卫星发给用户的。卫星发给用户的信息称为导航电文。导航电文除包含卫星位置以外，还包含信号发射时刻以及辅助用户定位的其他信息。导航电文调制在无线电载波信号上。已调制的无线电载波信号称为导航信号。导航信号以光的传播速度（即光速）在空间中传播。用户接收机接收到该信号后，记录接收信号的时间，再减去由导航电文得到的卫星信号发射时刻，就能算出信号从卫星传播到用户的时间，称为信号到达时间。由该时间乘以光速，即可得到卫星到用户的距离。

2）卫星导航定位原理与数学模型

卫星导航定位原理，即利用卫星作为测量的位置基准点，测出卫星至用户之间的伪距，运用测量学中的交会法，确定用户的位置。根据三球交会原理，只要获得三个这样的距离信息，即可实现定位。因此，卫星导航定位基本要素包括导航卫星、导航电文、导航信号和到达时间测量（距离测量）。导航定位基本过程如图 4.2 所示。

卫星在播发导航信号时，在导航电文中标记了信号发射时刻 t_S，由传播时延计算得到信号接收时刻 t_R。由式（4.8）测得的距离由于包含了钟差，就不是真实的距离，因此称为伪距，如图 4.3 所示。

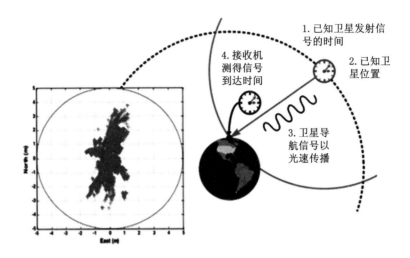

图4.2 卫星导航定位基本过程

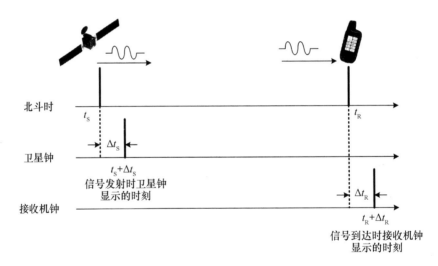

图4.3 伪距测量原理图

于是，将式（4.8）改写为：

$$\rho = c\left[(t_R + \Delta t_R) - (t_S + \Delta t_S)\right] = c(t_R - t_S) + c\Delta t_R - c\Delta t_S$$
$$= c(t_R - t_S) + b_u - B \tag{4.9}$$

式中，Δt_S 表示卫星钟差，其等效距离（钟差乘以光速）用 B 来表示；Δt_R 表示接收机钟差，其等效距离用 b_u 来表示。卫星钟差由导航电文中的钟差参数给出，因此，只需要关注接收机钟差。

　　假设 $(x^{(k)},\ y^{(k)},\ z^{(k)})$ 表示卫星 k 的位置坐标，$\rho^{(k)}$ 表示卫星 k 至接收机的伪距，$k = 1,\ 2,\ \cdots,\ n$，其中，n 为接收机可观测到的最大卫星数；$(x_u,\ y_u,\ z_u)$ 表示接收机位置坐标。接收机钟差对每颗卫星伪距的影响都是一样的，都是使伪距变短或变长，如图 4.4 所示。于是将式（4.9）展开为：

$$\rho^{(k)} = \sqrt{(x^{(k)} - x_u)^2 + (y^{(k)} - y_u)^2 + (z^{(k)} - z_u)^2} + b_u + \varepsilon^{(k)} \qquad (4.10)$$

式中，ε 表示测量中的未知误差，如接收机的测量噪声等。

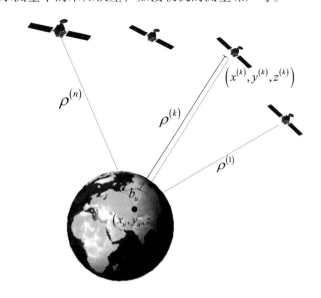

图 4.4　卫星导航原理图

　　将卫星与接收机的实际距离定义为 R（也称为几何距离），则卫星 k 至接收机的几何距离 $R^{(k)}$ 可表示为：

$$R^{(k)} = \sqrt{(x^{(k)} - x_u)^2 + (y^{(k)} - y_u)^2 + (z^{(k)} - z_u)^2} \qquad (4.11)$$

可见，伪距的主要部分可看作是几何距离与钟差的叠加。

　　但由于伪距中包含的接收机钟差也是未知的，因而与接收机的三维位置一起有 4 个未知数，故需要增加一个观测方程，才能进行定位，即至少观测 4 颗卫星，才能实现用户（接收机）的定位。

　　于是，接收机同时观测 n 颗卫星时，就可以建立如下定位方程：

$$\begin{cases} \rho^{(1)} = \sqrt{\left(x^{(1)} - x_u\right)^2 + \left(y^{(1)} - y_u\right)^2 + \left(z^{(1)} - z_u\right)^2} + b_u + \varepsilon^{(1)} \\ \rho^{(2)} = \sqrt{\left(x^{(2)} - x_u\right)^2 + \left(y^{(2)} - y_u\right)^2 + \left(z^{(2)} - z_u\right)^2} + b_u + \varepsilon^{(2)} \\ \vdots \\ \rho^{(n)} = \sqrt{\left(x^{(n)} - x_u\right)^2 + \left(y^{(n)} - y_u\right)^2 + \left(z^{(n)} - z_u\right)^2} + b_u + \varepsilon^{(n)} \end{cases} \quad (4.12)$$

观察上式，不难看出：当 $n < 4$ 时，方程个数小于未知数个数，方程无解；相反地，当 $n \geq 4$ 时，方程有解。利用最小二乘求解方程，即可得用户位置坐标 (x_u, y_u, z_u)。

3）数据采集系统构建

卫星导航数据采集系统的任务：采集导航接收机天线前端的卫星微波模拟信号并转换成计算机能识别的数字信号，然后送入计算机，根据导航信号处理的需求由计算机进行相应的计算和处理，得出所需的数据。与此同时，将计算得到的数据进行显示或回放。

卫星导航数据采集系统一般分为数据采集与数据处理两部分，其硬件结构通常由高速采集卡、工控数据传输总线、数据处理计算机以及数据存储介质组成。其中，高速采集卡一般由高速模数转换器、数据缓存、微处理器以及工控总线接口组成。图 4.5 展示了一种基于 CPCI 总线的卫星导航数据采集回放系统的基本构成，其硬件实物如图 4.6 所示。

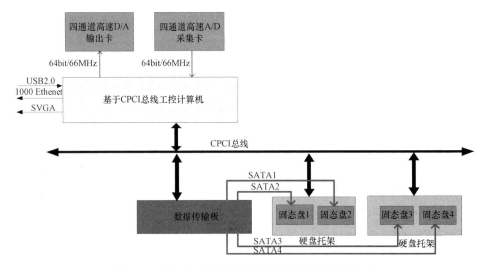

图 4.5　基于 CPCI 总线数据采集回放系统基本构成

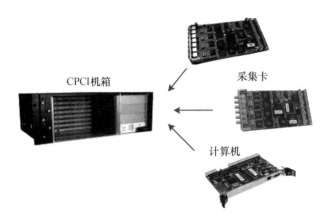

图 4.6　基于 CPCI 总线数据采集回放系统实物图

数据采集系统的核心技术指标包括数据采样精度、数据转换速率与数据存储容量。数据采样精度主要由采集卡模数转换器的位数决定，数据转换速率主要由模数转换器采样数据速率决定。整个采样过程中，采集卡的微处理器控制模数转换器，经过启动 A/D 转换、读取 A/D 转换值、将数据存入存储缓存、判断数据采集是否完成等过程，故数据采集卡为数据采集系统的核心部件。数据存储容量主要由计算机的硬盘容量决定，其硬盘读写速率也决定着数据采集系统的数据转换速率。

基于 CPCI 数据采集系统的基本配置：①中频 A/D 采集卡及相关 FPGA 软件；②中频 D/A 转换卡及相关驱动程序；③CPCI 记录控制器及相关软件，高速固态盘；④CPCI 机箱。

系统工作流程：

①在外部触发的控制下，对天线接收模拟信号同步进行高速 A/D 变换，设置好采样频率与存储深度；

②板载大容量 VII – PROR FPGA 源码开放，可实现用户的二次 FPGA 开发，如 DDC、用户专用 I/O 输出、数据融合、数据打包封装等实时性预处理算法，使整个系统的数据传输率通过前端的实时预处理将总数据率控制于 400MB/s，以减轻后端实时存储压力；

③以 DMA 方式将存储在 FIFO 中变换后的数字信号通过 64bit/66MHz 的局部总线下传到 CPCI 记录控制器本地内存中，完成原始数据的原始采集和高速传输过程；

④CPCI 记录控制器通过 SATAII 端口将封装好的用户数据文件从内存直接

写入电子盘;

⑤当数据采集回到实验室,可将存储在固态盘的数据通过中频 D/A 转换卡进行高速回放。

4)卫星导航接收机组成原理及应用

卫星导航接收机,通常意义上理解为一种用户设备,对接收到的卫星无线电信号经过数据处理后获得定位所需的测量值和导航信息,最后完成对用户的定位解算和导航任务。根据接收机的不同应用场景,可分为手持式、车载式、固定站式等,如图 4.7 所示。

图 4.7 不同应用场景的卫星导航接收机

用户设备的核心是北斗导航接收机,其组成原理如图 4.8 所示,包括前端天线接收单元与后端信号处理单元。前端天线接收单元包括接收天线组件、前置低噪声放大器模块、射频与馈电线缆;后端信号处理单元由时钟网络、下变频组件、微处理器、存储器、电源以及输入输出接口组成。

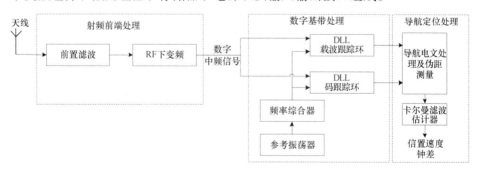

图 4.8 北斗导航接收机组成原理图

卫星导航接收机接收到的信号一般由载波、伪码和数据码三个信号层次构成,卫星发射的信号结构如下:

$$S_i(t) = \sqrt{2P_i} \cdot x_i(t) \cdot D_i(t) \cdot \cos(2\pi f_i t + \theta_i) \qquad (4.13)$$

式中，P_i 表示信号的平均功率，$x_i(t)$ 表示伪码电平值，$D_i(t)$ 表示数据码电平值，f_i 表示载波频率，θ_i 表示载波初始相位，i 表示卫星编号。信号在卫星端的产生发射与接收机端的接收解调如图 4.9 所示。

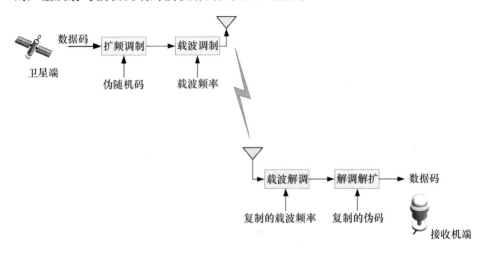

图 4.9　卫星导航接收机信号调制与解调过程

目前，四大卫星导航系统所采用的伪随机码、载波频率、数据码以及调制方式各不相同，故相应的信号处理方式也不尽相同。我国的北斗卫星导航系统目前占用 B1、B2、B3 三个频点，调制方式有 BPSK、QPSK 以及 BOC。

卫星导航接收机的典型测试指标包括捕获灵敏度、跟踪灵敏度、冷启动首次定位时间、热启动首次定位时间、重捕获时间、定位精度、测速精度等。卫星导航接收机已在陆地、海洋、航空、航天以及大众消费等多领域得到广泛应用与普及。

5. 实验步骤

1）虚拟仿真实验。

Step 1　登录 BDSim 仿真实验平台，获取"仿真实验指导书"，学习其中 BDS 测距、测速、定位、授时原理部分内容，了解仿真实验平台的组成和使用环境。可进行新建仿真场景、打开仿真场景、打开教学 DEMO、退出等操作。首先根据引导建立仿真场景。

Step 2　打开已有的仿真场景。

Step 3　【保存场景】，保存当前的仿真场景到本地电脑。

Step 4 仿真运行，得到数据报告，可选择星历数据、轨道数据、钟差数据进行预览查看。

Step 5 【导出仿真数据】，将仿真数据导出到本地电脑，可选择 Rinex 格式和数据文本格式。

2）基于 CPCI 总线的卫星模拟信号自动采集与回放实验。

Step 1 将虚拟仿真实验产生的卫星仿真信号导入卫星信号模拟源，获取卫星模拟信号（中频段，70 MHz），如图 4.10 所示。

图 4.10 将卫星信号信息导入信号模拟源

Step 2 设置采样系统主控界面采样频率与存储深度。

Step 3 启动原始数据采集。

Step 4 采样完成，存储采样数据。

Step 5 数据回放，实验结果如图 4.11。

图 4.11 卫星模拟信号采集回放演示

3）接收机实测实验（自主设计，选做内容）。

Step 1   北斗导航接收机启动工作。

Step 2   导出卫星接收机观测数据。

Step 3   解算距离值和位置值。

Step 4   与仿真实验结果进行比对，分析误差。

6. 实验器材

BDSim 仿真软件 1 套，北斗导航定位接收机仿真平台 1 套，计算机（安装 MATLAB）1 台，数据采集与回放系统 1 套，北斗导航定位接收机 1 套。

7. 思考题

1）进一步熟悉 BDSim 仿真实验平台，根据"仿真实验指导书"，学习其中 BDS 测速、授时原理部分内容，有兴趣的同学可深入研究。

2）请查阅相关文献，对导航接收机定位误差进行详细分析与了解，对实测实验结果进行评价。

第 5 章　实验仪器仪表

5.1　Agilent 34410A 数字万用表

1. 概述

Agilent 34410A（图 5.1）是一款 $6\frac{1}{2}$ 位、高性能数字万用表，可支持直流电压、交流电压、直流电流、交流电流、2 线电阻、4 线电阻、频率、周期、2 线温度、4 线温度等测量功能，同时支持连续性测试和二极管检查。

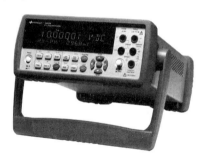

图 5.1　Agilent 34410A 数字万用表

2. 主要技术指标

Agilent 34410A 数字万用表的主要技术指标见表 5.1。

表 5.1　Agilent 34410A 技术指标

指标名称	指标值
直流电压（DCV）精度	0.003 0%
基本交流电压精确度	0.06%

（续表）

指标名称	指标值
DC 和 AC 测量范围	100 μA
触发延迟	< 1 μs
总线查询响应	< 500 μs
基本直流精度	$30 \times 10^{-6}/$年
读取速度	$5\frac{1}{2}$ 位下每秒 10 000 个读数；$6\frac{1}{2}$ 位下每秒 1 000 个读数
读取存储器存储	50 000
I/O 接口	GPIB，USB 2.0，LAN（LXI Core）
平均故障间隔时间（MTBF）	> 100 000 h

3. 使用说明

1）使用前准备

使用前熟悉 Agilent 34410A 的各项功能性按钮和显示，分别如图 5.2、图 5.3、图 5.4 所示。

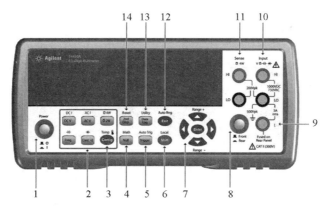

1—打开/关闭开关；2—测量功能键；3—配置键；4—归零键（数学功能）；

5—触发键（自动触发）；6—Shift 键（本地）；7—菜单定位小键盘（量程）；

8—前/后开关；9—电流输入终端（交流和直流电流）；10—HI 和 LO 输入终端（除电流外的所有功能）；11—HI 和 LO 感应终端（4 线测量）；12—退出键（自动量程）；

13—数据记录键（实用程序）；14—第二行显示键（重置）。

图 5.2 Agilent 34410A 前面板

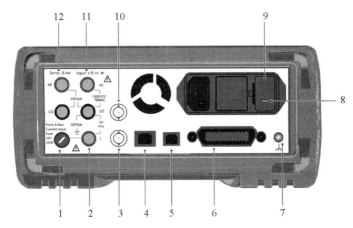

1—电流输入熔断器（前和后）；2—电流输入终端（交流和直流电流）；

3—电压表完成输入（BNC）；4—LAN 接口连接器；5—USB 接口连接器；

6—GPIB 接口连接器；7—底盘接地；8—电源线电压设置；9—电源线熔断器架组件；

10—外部触发输入（BNC）；11—HI 和 LO 输入终端（电压、电阻和其他功能）；

12—HI 和 LO 感应终端（4 线电阻和温度）。

图 5.3　Agilent 34410A 后面板

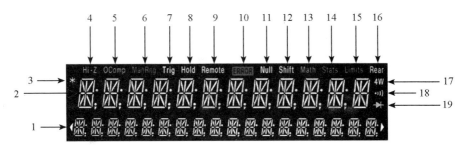

字母数字显示：
1　辅助显示行　　2　主要显示行

指示器：
3　*　（正在进行测量）
4　Hi-Z（高输入阻抗，仅限直流电压）
5　OComp（偏移补偿）
6　ManRng（手动调整量程）
7　Trig（等待触发状态）
8　Hold（读数保留）
9　Remote（远程接口操作）
10　Error（错误队列）
11　Null（启用归零功能）

指示器：
12　Shift（按下shift键）
13　Math（启用dB或dBm功能）
14　Stats（启用统计功能）
15　Limits（启用限制测试功能）
16　Rear（后面板端子活动）
17　4W（4线电阻或温度）
18　))）（启用连续性测试功能）
19　（启用二极管检查功能）

图 5.4　Agilent 34410A 显示屏

连接电源线，调整手柄到合适位置，连接测试引线到输入端子，各项测量的具体连接方式见表5.2。

表5.2 各项测量的连接方式

测量内容	连接示意图	测量内容	连接示意图
直流电压		交流电压	
直流电流		交流电流	
4 线电阻		2 线电阻	
电容		频率/周期	
2 线温度		4 线温度	

测量内容	连接示意图	测量内容	连接示意图
连续性	开路或闭路	二极管	前向偏置

2）基本操作

（1）打开电源

按下电源（Power）键，设备会进入几秒时长的自我测试，然后默认进入直流电压（自动量程）测量。

（2）选择测量功能

根据要选择的测量功能，按对应的按键。例如，对于交流电压功能，按下 [ACV] 键。

（3）修改测量配置

每个测量功能都有自己的配置菜单。按下 Config 键打开菜单，根据系统提示通过"左"方向键 ◀、"右"方向键 ▶ 选择适当的配置参数，通过按下 Enter 键进入菜单的下一步。

（4）显示二次测量功能

对于某些测量值，可以在第二个显示行上显示另一个测量值。

按下 [2nd Disp] 键，选择需要在第二行显示的测量量并确定，即可完成；如需退出第二行显示，则再次按下 [2nd Disp] 键，然后选择"OFF"，并确定。

（5）触发某个测量

触发器函数允许在内部或外部触发测量。同时按下 Shift 和 Trigger 键进入触发设置，触发的设置菜单有三个选项：AUTO、HOLD、SETUP，如图 5.5 所示。

图 5.5　触发设置菜单

5.2　Keysight 33520B 函数信号发生器

1. 概述

Keysight 33520B（图 5.6）是一款 Keysight Trueform 系列波形发生器，可支持输出已调制的波形、FSK 波形、PWM 波形等功能。

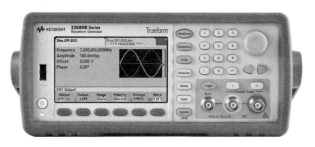

图 5.6　Keysight 33520B 函数信号发生器

2. 主要技术指标

Keysight 33520B 的主要技术指标见表 5.3。

表 5.3　Keysight 33520B 技术指标

指标名称	指标值
最大频率	30 MHz
通道数量	2
波形存储	1 MSa/Channel，可升级到 16 MSa/Channel
I/O	USB、GPIB 和 LAN 远程接口
可编程仪器的标准命令	SCPI

3. 使用说明

1）使用前准备

使用前熟悉 Keysight 33520B 的各项功能性按钮和显示，分别如图 5.7、图 5.8、图 5.9 所示。

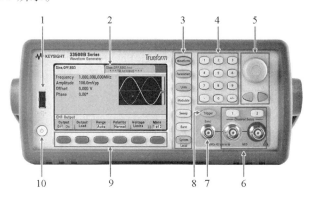

1—USB 端口；2—显示屏；3—固定的功能按钮（七个键）；4—数字键盘；

5—旋钮和光标箭头；6—通道 1 和通道 2；7—Sync 连接器；8—手动触发按钮；

9—菜单软键；10—开启/关闭待机开关。

图 5.7　Keysight 33520B 函数信号发生器前面板

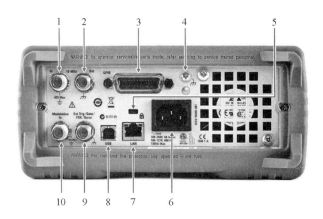

1—外部 10 MHz 参考输入；2—内置 10 MHz 参考输出；3—GPIB 连接器；

4—底盘接地；5—仪器电缆锁；6—交流电源；7—局域网（LAN）连接器；

8—USB 接口连接器；9—外部触发/门控/FSK/脉冲串（输入和输出）；

10—外部调制输入。

图 5.8　Keysight 33520B 函数信号发生器后面板

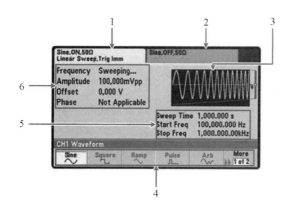

1—通道 1 信息；2—通道 2 信息；3—波形显示；4—软键标签；
5—扫描、调制或脉冲串参数；6—波形参数。

图 5.9　Keysight 33520B 函数信号发生器显示屏界面

　　仪器可以使用 100 ~ 240 V、50/60 Hz 或 100 ~ 120 V、400 Hz 的主电源。最大消耗功率为 150 W。主电源电压波动不超过标称电源电压的 ± 10%。根据需要，连接电源线与 LAN、GPIB 或 USB 电缆。通过按前面板左下角的电源开关，打开仪器。此时仪器会运行加电自检，然后将显示一条关于如何获取帮助的消息以及当前的 IP 地址。仪器的默认函数是 1 kHz、100 mVpp 的正弦波（接入 50 Ω 的终端）。在接通电源时，会禁用通道输出连接器。要启用通道连接器上的输出，按通道连接器上方的键，然后按 **Output Off/On** 软键。

　　2）基本操作

　　（1）设置输出频率

　　默认频率为 1 kHz，可以通过旋钮和数字键盘两种方式修改频率，然后选择单位。

　　Step 1　使用旋钮或数字键盘更改频率，如图 5.10。

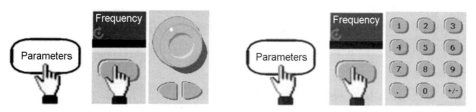

图 5.10　更改频率

Step 2 选择所需单位，如图 5.11。

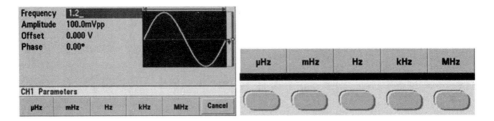

图 5.11 选择单位

（2）设置输出振幅

Step 1 按［**Units**］→**Amp/Offs** 或 **High/Low** 确保进入 **Amp/Offs** 中。

显示的振幅为接通电源时的值，或者是先前选定的振幅。

在更改函数时，如果对于新函数有效，则使用同一振幅。要选择是将电压指定为振幅和偏移值还是高值和低值，按［**Units**］，然后按第二个软键。在这种情况下，将突出显示 **Amp/Offs**。

Step 2 输入所需的振幅值。

按［**Parameters**］→**Amplitude**。可通过旋钮或数字键盘两种方式设置振幅。

Step 3 选择所需的单位。

按对应于所需单位的软键；也可以使用旋钮和箭头输入所需的值，如果采用这种方式输入值，则无须使用单位软键。

（3）设置 DC 偏移电压

Step 1 按［**Parameters**］→**Offset**。

Step 2 输入所需的偏移电压值。

Step 3 选择所需的单位。

（4）设置高电平和低电平值

Step 1 按［**Units**］→**Ampl/Offs** 以切换到 **High/Low**，

Step 2 按［**Parameters**］→**High Level**。使用数字键盘或旋钮和箭头，选择高电平值。

Step 3 按 **Low Level** 软键并设置低电平值。

（5）输出 DC 电压

Step 1 按［**Waveforms**］→**More**→**DC**，**Offset** 值变为选中状态。

Step 2 输入所需的电压偏移。

（6）设置方波的占空比

在接通电源时，默认的方波占空比是 50%。在 33500 系列中，占空比受最低脉冲宽度技术参数（16 ns）的限制。设置方波占空比的步骤为：

Step 1　选择方波函数。

按［**Waveforms**］→**Square**。

Step 2　按 **Duty Cycle** 软键。

显示的占空比为接通电源时的值，或者是先前选定的百分比。占空比表示每个周期方波设置为高电平时的时间量。

Step 3　输入所需的占空比。

使用数字键盘或旋钮和箭头，选择占空比的值。如果使用数字键盘，按 **Percent** 完成输入。仪器会立即调整占空比，并以指定的值输出方波（如果启用输出）。

（7）配置脉冲波形

配置脉冲波形功能可以输出脉冲宽度和边沿时间可变的脉冲波形，以配置一个脉冲宽度为 10 ms、边沿时间为 50 ns 的 500 ms 周期脉冲波形为例，其操作步骤为：

Step 1　选择脉冲函数。

按［**Waveforms**］→**Pulse** 选择脉冲函数。

Step 2　设置脉冲周期。

按［**Units**］键，然后按 **Frequency/Period** 以选择 **Period**。然后按［**Parameters**］→**Period**。将周期设置为 500 ms。

Step 3　设置脉冲宽度。

按［**Parameters**］→**Pulse Width**。然后将脉冲宽度设置为 10 ms。脉冲宽度表示从上升沿的 50% 阈值处到下一个下降沿的 50% 阈值处的时间。

Step 4　设置上升沿和下降沿的边沿时间。

按 **Edge Times** 软键，然后将前沿和后沿的边沿时间都设置为 50 ns。边沿时间代表从每个边沿的 10% 阈值到 90% 阈值之间的时间。

（8）选择存储的任意波形

在非易失性存储器中一共存储了 9 个内置的任意波形，分别是心电图波、D-Lorentz、指数下降、指数上升、高斯、半正矢、Lorentz、负锯齿波和 Sinc。操作步骤为：

Step 1　按［**Waveforms**］→**Arb**→**Arbs**。

Step 2　选择 **Select Arb** 并使用旋钮选择 **Exp_Fall**。按 **Select**。

3）菜单操作

（1）选择输出终端

仪器本身具有一个 50 Ω 的固定串联输出阻抗，与前面板通道连接器连接。如果实际负载阻抗与指定的值不同，则显示的振幅和偏移电平将是不正确的。负载阻抗设置只是为了方便将显示电压与预期负载相比较。选择输出终端的步骤为：

Step 1　按通道输出键以打开通道配置屏幕。注意，当前输出终端值（在此情况下都是 50 Ω）显示在屏幕顶部的选项卡中。

Step 2　按 **Output Load** 开始指定输出终端。

Step 3　通过使用旋钮或数字键盘选择所需的负载阻抗，或按 **Set to 50Ω** 或 **Set to High Z** 选择所需的输出终端。

（2）重置仪器

要将仪器重置为出厂默认状态，按［**System**］→**Set to Defaults**→**Yes**。

（3）输出已调制的波形

一个被调制的波形由载波波形和调制波形组成。在 AM（调幅）中，载波的振幅是随调制波形而变化的。设置步骤为：

Step 1　选择函数、频率和载波振幅。

按［**Waveforms**］→**Sine**。按 **Frequency**、**Amplitude** 和 **Offset** 软键以配置载波波形。

Step 2　选择 AM。

按［**Modulate**］，然后使用 **Type** 软键选择 **AM**。然后，按 **Modulate** 软键以打开调制。注意，将点亮［**Modulate**］键，并在显示屏左上方显示状态消息 "AM Modulated by Sine"。

Step 3　设置调制深度。

按 **AM Depth** 软键，然后使用数字键盘或者旋钮和箭头设置此值。

Step 4　选择调制波形形状。

按 **Shape** 以选择调制波形的形状。在本例中，选择正弦波。

Step 5　按 **AM Freq**。在 33500 系列上，必须先按 **More** 软键进入正确的菜单。使用数字键盘或旋钮和箭头设置此值。如果使用数字键盘，则按 **Hz** 以完成数字输入。

（4）输出 FSK 波形

使用 FSK 调制可在两个预设值（称为"载波频率""跳跃频率"）之间"移动"其输出频率。输出在两个频率之间移动的速率由内部速率发生器或后

面板 **Ext Trig** 连接器上的信号电平所决定。输出 FSK 波形的操作步骤为：

Step 1　选择函数、频率和载波振幅。

按［**Waveforms**］→Sine。按 **Frequency**、**Amplitude** 和 **Offset** 软键以配置载波波形。

Step 2　选择 FSK。

按［**Modulate**］，然后使用 **Type** 软键选择 **FSK**。然后，按 **Modulate** 软键以打开调制。注意显示屏左上方的状态消息"FSK Modulated"。

Step 3　设置"跳跃"频率。

按 **Hop Freq** 软键，然后使用数字键盘或者旋钮和箭头设置"跳跃频率"。如果使用数字键盘，则确保通过按 **Hz** 来完成输入。

Step 4　设置 FSK"移动"速率。

按 **FSK Rate** 软键，然后使用数字键盘或者旋钮和箭头设置"移动"速率。

（5）输出 PWM 波形

PWM（脉冲宽度调制）波形仅适用于脉冲波形，脉冲宽度随调制信号而变化。脉冲宽度的变化量称为宽度偏差，可将其指定为波形周期的百分比（即占空比）或以时间为单位。例如，如果指定占空比为 20% 的脉冲，然后启用偏差为 5% 的 PWM，则在调制信号的控制下，占空比在 15%～25% 变化。

操作步骤为：

Step 1　选择载波波形参数。

按［**Waveforms**］→ **Pulse**。使用 **Frequency**、**Amplitude**、**Offset**、**Pulse Width** 和 **Edge Times** 软键配置载波波形。

Step 2　选择 PWM。

按［**Modulate**］→**Type**→**PWM**。然后按第一个软键 **Modulate** 打开调制。注意显示屏左上角的状态消息"PWM Modulated by Sine"。

Step 3　设置宽度偏差。

按 **Width Dev** 软键，然后使用数字键盘或者旋钮和箭头将此值设置为 20 μs。

Step 4　设置调制频率。

按 **PWM Freq** 软键，然后使用数字键盘或者旋钮和箭头将此值设置为 5 Hz。

Step 5　选择调制波形形状。

按 **Shape** 软键选择调制波形的形状。

（6）输出频率扫描

在频率扫描模式下，仪器将以指定的扫描速率从起始频率移到停止频率，能够选择以线性或对数间隔或使用一系列频率由高频向低频扫描，或者由低频向高频扫描。操作步骤为：

Step 1　选择扫描的函数和振幅。

扫描可选择的函数为正弦波、方波、锯齿波、脉冲、三角波、PRBS 波形或任意波形（不允许噪声和 DC）。

Step 2　选择扫描模式。

按 **Sweep** 软键打开扫描。

Step 3　设置起始频率。

按 **Start Freq**，然后使用数字键盘或者旋钮和箭头将此值设置为 50 Hz。

Step 4　设置停止频率。

按 **Stop Freq**，然后使用数字键盘或者旋钮和箭头将此值设置为 5 kHz。

还可以使用中心频率和频率范围来设置扫描的频率边界，这些参数与起始频率和停止频率类似，可提供更大的灵活性。

（7）输出脉冲串波形

具有指定循环数的波形，称为脉冲串。使用内部定时器或后面板 **Ext Trig** 连接器上的信号电平可控制脉冲串之间所用的时间量。以输出一个三循环的脉冲串周期为 20 ms 的正弦波为例，其操作步骤为：

Step 1　选择脉冲串的函数和振幅。

对于脉冲串波形，可以选择正弦波、方波、锯齿波、脉冲、任意波形、三角波或 PRBS。仅在"门控"脉冲串模式下允许噪声，不允许 DC。在本例中，选择一个振幅为 5 Vpp 的正弦波。

Step 2　选择脉冲串模式。

按［**Burst**］→**Burst Off/On**。注意在当前通道的选项卡中显示的状态消息"N Cycle Burst, Trig Imm"。

Step 3　设置脉冲串计数。

按**# of Cycles**，然后使用数字键盘或旋钮将此计数设置为"3"。如果使用数字键盘，则按 **Enter** 完成数据输入。

Step 4　设置脉冲串周期。

按 **Burst Period**，然后使用数字键盘或者旋钮和箭头将此周期设置为 20 ms。脉冲串周期可设置从一个脉冲串开始到下一个脉冲串开始的时间。此时，仪器会以 20 ms 的间隔输出一个连续三循环脉冲串。

通过按［**Trigger**］键，可以生成单个脉冲串（利用指定的计数）；也可以使用外部门控信号创建门控脉冲串，当门控信号出现在输入中时，将产生脉冲串。

（8）触发扫描或脉冲串

可以从前面板扫描和脉冲串中选择四种不同类型触发模式中的一个：

①立即或"自动"（默认设置）：当选择扫描或脉冲串模式时，仪器会连续输出。

②外部：由后面板 **Ext Trig** 连接器控制的触发。

③手动：每次按［**Trigger**］时，就会启动一个扫描或脉冲串。继续按［**Trigger**］可再次触发仪器。

④定时器：将分别在固定的时间发出一次或多次触发。

如果打开扫描或脉冲串，则按［**Trigger**］将显示触发菜单。［**Trigger**］键点亮（持续发亮或闪烁）表示一个或者两个通道正在等待手动触发。如果选定触发菜单，则该键将持续发亮；如果未选定触发菜单，则该键将闪烁。仪器处于远程状态时，将禁用［**Trigger**］键。当该键持续发亮时，按［**Trigger**］可进行手动触发。当该键闪烁时，按［**Trigger**］将选择触发菜单，再次按下将进行手动触发。

（9）LAN 配置步骤

通过设置 LAN 接口的参数可以建立网络通信，首先需要建立一个 IP 地址，在建立与 LAN 接口的通信过程中，需要网络管理员的帮助。具体操作步骤如下：

Step 1　选择"I/O"菜单。

按［**System**］→**I/O Config**。

Step 2　选择 LAN Settings 菜单。

按 **LAN Settings** 软键。可选择 **Modify Settings** 更改 LAN 设置，也可以打开和关闭 LAN 服务，或将 LAN 设置恢复为默认值，如图 5.12。

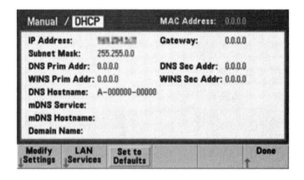

图 5.12　LAN Settings **菜单**

Step 3　按 **Modify Settings**。

按［**System**］→**I/O Config**。

要配置 LAN 的所有参数，应使用第一个软键从 **DHCP**（动态主机配置协议）切换到 **Manual**，如图 5.13。在 DHCP 打开的情况下，仪器与网络进行连接时，IP 地址将由 DHCP 自动设置，前提是已找到 DHCP 服务器，且该服务器能够进行此设置。如果需要，DHCP 还会自动处理子网掩码和网关地址。这通常是建立 LAN 通信的最简单的方法，所要做的就是保持 DHCP 打开。

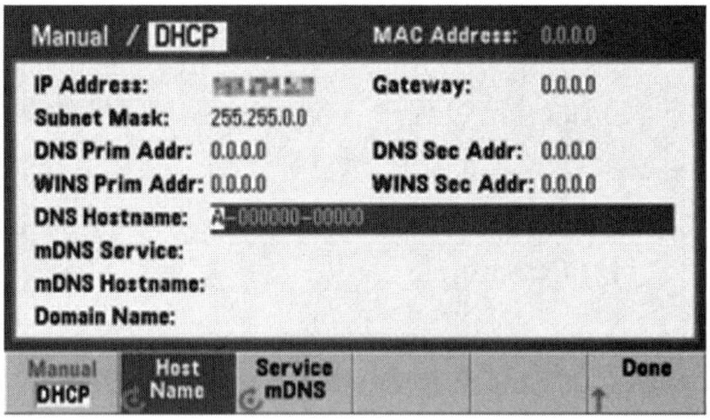

图 5.13　Manual/DHCP **切换**

Step 4　建立"IP Setup"。

如果未使用 DHCP（第一个软键设置为 **Manual**），则必须建立 IP 设置，包括 IP 地址，可能还会有一个子网掩码和网关地址。**IP Address** 和 **Subnet Mask** 按钮在主屏幕上，按 **More** 可配置网关。

向网络管理员询问要使用的 IP 地址、子网掩码和网关。所有 IP 地址均为点分隔的形式"nnn. nnn. nnn. nnn"，其中的每个"nnn"是 0～255 内的字节数值；可以使用数字键盘（而不是旋钮）输入一个新的 IP 地址，只需用键盘键入数字及句点分隔符；使用向左箭头键作为退格键；起始字符不要输入 0。

Step 5　配置 "DNS 设置"（可选）。

DNS（域名服务）是一项将域名转换为 IP 地址的因特网服务。询问网络管理员是否使用 DNS，如果使用，则询问所使用的主机名、域名及 DNS 服务器地址。

①设置 "主机名"。按 **Host Name** 并输入主机名。主机名是域名的主机部分，被转换为 IP 地址。使用旋钮和光标键选择并更改字符，将主机名以字符串输入。主机名中可以包含字母、数字和短划线（"–"）。使用键盘只能输入数字字符。

②设置 "DNS 服务器" 地址。在 LAN 配置屏幕中，按 **More** 转到第二个软键（一共三个软键）。

（10）设置任意波形

仪器内部包含一个内置波形编辑器，可用于创建和编辑任意波形。通过直接编辑电压值，或使用最多 12 种不同类型的标准波形的任意组合，可以创建任意波形。以下教程可创建和编辑基本波形：

①插入内置波形

Step 1　通过按 [**Waveforms**]→**Arb**→**Arbs** 启动内置波形编辑器，如图 5.14。按 **Edit New**，接受默认文件名，然后按 **Start Editor**。33500 系列信号发生器有 8 个点的 0V DC 波形。

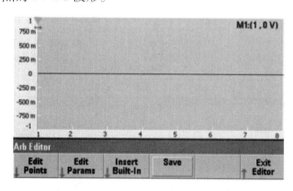

图 5.14　内置波形编辑器

Step 2　按 **Insert Built‑in**→**Choose Wave**。使用旋钮或旋钮下方的箭头选择 **D‑Lorentz** 并按 **OK**。使用键盘和在键盘上开始输入时所显示的 **V** 软键可

将 **Amplitude** 设置为 2 V，然后按 **OK**。波形现在有 100 个其他点，因为具有 100 个点的 D-Lorentz 波形插在了初始波形的前面，如图 5.15。

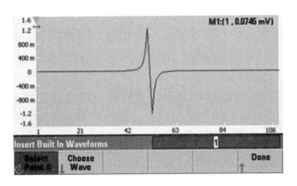

图 5.15　D-Lorentz 波形

Step 3　如要撤销刚刚进行的更改，则按［**System**］→**Undo**，返回到原始 0 V 波形。

Step 4　如要将 D-Lorentz 波形还原，则按 **Redo**，然后按 **Done** 退出。

Step 5　以插入正弦波为例。按 **Choose Wave** 开始。确保正弦波（默认波形）已突出显示，然后按 **OK**。要获得有关屏幕上各种参数的帮助，按 **Parameter Help**，然后按 **Done** 退出帮助屏幕，如图 5.16。

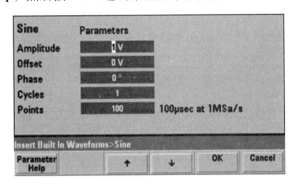

图 5.16　获取帮助

Step 6　使用数字键盘和上下箭头软键，设置 **Amplitude**、**Cycles**、**Points** 等参数。将所有其他设置保留为默认值，然后按 **OK**。例如，将 **Amplitude** 设置为 3.5 V，将 **Cycles** 设置为 4，将 **Points** 设置为 200，结果如图 5.17。

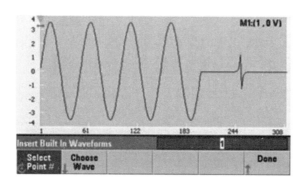

图 5.17　设置参数后的结果显示

Step 7　注意第一个软键"**Select Point #**"将突出显示，如图 5.18。使用数字键盘输入数字 n，然后按 **Enter**，将标记放在第 n 个波形点上，便于设置下一部分波形。在上一步选取的 **Points** = 200 基础上，当 n 为 270 时，标记将移动到对应位置。

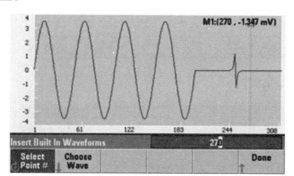

图 5.18　"Select Point #"突出显示

Step 8　按 **Choose Wave**，选择波形，然后按 **OK**。设置振幅、偏移、循环数、点数等参数，按 **OK**。以插入方波（**Square**）为例，将振幅设置为 3 V、偏移设置为 –2 V、循环数设置为 8、点数设置为 100。此时已从标记处开始插入了 8 个方波循环，如图 5.19。按 **Done**。

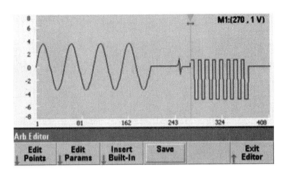

图 5.19　插入 8 个方波循环显示

②编辑波形特性

Step 1　按 **Edit Params**，然后将 **Sampling Rate** 设置为 100 Sa/s，如图 5.20。按 **Cycle Period**，注意它已设置为 4.08 s，这是因为波形中有 408 个采样点，采样率为 100 Sa/s。

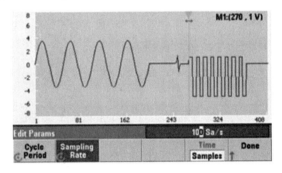

图 5.20　设置采样率

Step 2　将 **Cycle Period** 设置为 2.04 s，然后按 **Sampling Rate**。现在，它将设置为 200 Sa/s，在 2.04 s 内将播放 408 个点的波形，如图 5.21。

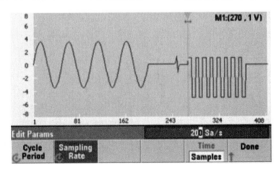

图 5.21　设置周期

Step 3　按 **Done** 退出参数编辑屏幕。按 **Edit Points**，注意 **Point #**软键已突出显示，如图 5.22。输入数字 160 并按 **Enter** 以移动标志。

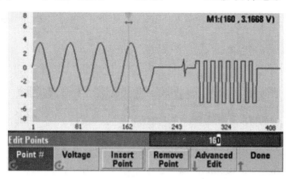

图 5.22　"Point #"突出显示

Step 4　按 **Voltage** 并将选定点的电压更改为 4.2 V。按 **Point #**并将点标志更改为 150，以将标记从该点移开。按 **Enter** 完成输入点 150 后，将看到刚在点 160 处创建的波形中有异常的 4.2 V，如图 5.23。

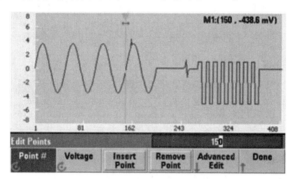

图 5.23　异常显示

③缩放和平移

Step 1　要查看点的细节，按［**System**］→**Pan/Zoom Control**。注意第一个软键设置为 **Horizontal**，这表示沿着水平（时间）轴进行缩放，如图 5.24。将 **Zoom** 更改为 500%，正弦波的异常特性将更明显。

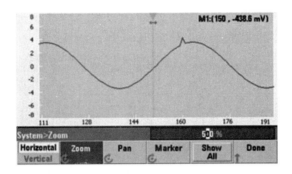

图 5.24　水平缩放

Step 2　将第一个软键设置为 **Vertical** 以垂直缩放，将 **Zoom** 设置为 500%，如图 5.25。注意，已沿电压轴进行了放大，但正弦波中的异常 4.2 V 太低而无法看到。

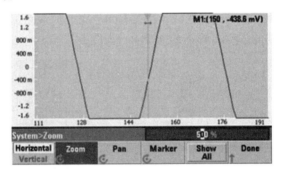

图 5.25　垂直缩放

Step 3　按 **Pan** 并将 **Pan** 设置为 3 V，可在波形上移高一些。现在可以很清楚地看到 4.2 V 点了，如图 5.26。

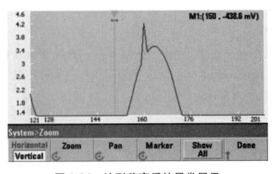

图 5.26　波形移高后的异常显示

Step 4　要再次查看整个波形，按 **Show All**，然后按 **Done**，再次按 **Done** 以返回到 **Edit Points** 屏幕，如图 5.27。

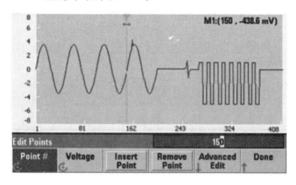

图 5.27　返回开始波形显示

5.3　DS4012 数字示波器

1. 概述

DS4012 数字示波器（图 5.28）是美国普源精电（RIGOL）公司的 MSO4000/DS4000 系列数字示波器的基础款，该系列示波器基于 UltraVision 技术设计，具有功能多、性能高等特点。DS4012 数字示波器具有丰富的触发功能，包含多种协议触发，支持数字通道作为触发信源；标配并行解码，提供多种串行解码选件，支持模拟通道和数字通道混合解码；可自动测量 24 种波形参数，

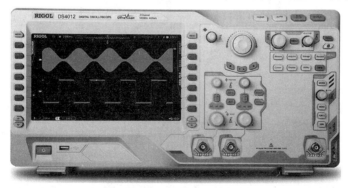

图 5.28　DS4012 数字示波器

具有统计的测量功能；具备实时波形录制、波形回放、录制常开和波形分析功能，支持数字通道录制及回放；具备精细的延迟扫描功能；支持远程命令控制及嵌入式帮助；支持多国语言，中英文输入，提供一键测量、一键存储/打印快捷键等功能。

2. 主要技术指标

DS4012 数字示波器的主要技术指标见表5.4。

表 5.4　DS4012 数字示波器技术指标

指标类别	指标名称	指标值
输入	通道数	2 模拟通道
	输入耦合	DC、AC、GND
	输入阻抗	$(1 \pm 1\%)$ MΩ//(14 ± 3) pF 或 50 $(1 \pm 1.5\%)$ Ω
采样	实时采样率	4 GSa/s（单通道）、2 GSa/s（双通道）
	峰值检测	250 ps（单通道）、500 ps（双通道）
	高分辨率	当≥5 μs/div（4 GSa/s）或≥10 μs/div（2 GSa/s）时：12 bit 分辨率
	最大存储深度	140 Mpts（单通道）、70 Mpts（双通道）
水平	波形捕获率	110 000 wfms/s
	时基档位	5 ns/div ~ 1 ks/div
	时基模式	Y－T、X－Y、Roll、延迟扫描
	通道间偏差	1 ns（typical），2 ns（maximum）
	最大记录长度	140 Mpts
	时基精度	$\pm 4 \times 10^{-6}$
	时基漂移	$\pm 2 \times 10^{-6}$/年
垂直	带宽（－3 dB）	DC 至 100 MHz
	单次带宽	DC 至 100 MHz
	垂直分辨率	8 bit，双通道同时采样
	垂直档位	1 MΩ 输入阻抗：1 mV/div ~ 5 V/div 50 Ω 输入阻抗：1 mV/div ~ 1 V/div

指标类别	指标名称	指标值
垂直	偏移范围	1 mV/div ~ 124 mV/div：±1.2V（50 Ω） 126 mV/div ~ 1 V/div：±12V（50 Ω） 1 mV/div ~ 225 mV/div：±2V（1 MΩ） 230 mV/div ~ 5 V/div：±40V（1 MΩ）
	动态范围	±5 div
	带宽限制	20 MHz
	计算上升时间	3.5 ns
	直流增益精度	±2% 满量程
	直流偏移精度	200 mV/div ~ 5 V/div：0.1 div ± 2 mV ± 0.5% 偏移值 1 mV/div ~ 195 mV/div：0.1 div ± 2 mV ± 1.5% 偏移值
	静电放电耐受性	±2 kV
	通道间阻隔度	>40 dB
触发	触发电平范围	内部：±6 div 距离屏幕中心；外部：±0.8 V
	触发模式	Auto、Normal、Single
	释抑范围	100 ns ~ 10 s
	触发频率抑制	高频：50 kHz；低频：5 kHz
	触发方式	边沿触发、脉宽触发、欠幅脉冲触发、第 N 边沿触发、斜率触发、视频触发、码型触发、RS232/UART 触发、I2C 触发、SPI 触发、CAN 触发、FlexRay 触发、USB 触发
测量	自动测量	最大值、最小值、峰峰值、顶端值、底端值、幅值、平均值、均方根值、过冲、预冲、面积、周期面积、频率、周期、上升时间、下降时间、正脉宽、负脉宽、正占空比、负占空比、延迟 A→B ↯、延迟 A→B ↯、相位 A→B ↯、相位 A→B ↯的测量
	测量数量	同时显示 5 种测量
	测量统计	平均值、最大值、最小值、标准差和测量次数

（续表）

指标类别	指标名称	指标值
数学运算	波形计算	A + B、A − B、A × B、A/B、FFT、可编辑高级运算、逻辑运算
	FFT 窗类型	Rectangle、Hanning、Blackman、Hamming
	FFT 显示	分屏、全屏
	数学函数	Intg、Diff、Log、Exp、Sqrt、Sine、Cosine、Tangent
显示	显示类型	9 英寸（229 mm）的 TFT 液晶显示器
	显示分辨率	800 horizontal × RGB × 480 vertical pixel
	显示色彩	160 000 色
	余晖时间	最小值、50 ms、100 ms、200 ms、500 ms、1 s、2 s、5 s、10 s、20 s、无限
接口	I/O	USB Device、双 USB Host、LAN 和 GPIB（可选）
	打印机兼容性	支持
	U 盘存储	支持

3. 使用说明

1）使用前准备

DS4012 数字示波器的前面板、后面板以及用户界面介绍分别如图 5.29（图注见表 5.5）、图 5.30、图 5.31（图注见表 5.6）。

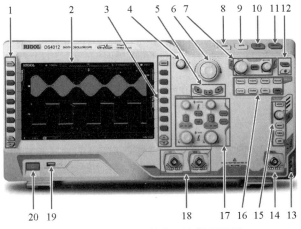

图 5.29　DS4012 数字示波器前面板

表 5.5　图 5.29 图注说明

编号	说明	编号	说明
1	24 种参数测量菜单软键	11	单次触发控制键
2	LCD	12	默认设置/打印键
3	功能设置菜单软键	13	探头补偿器信号输出端/接地端
4	多功能旋钮	14	外触发输入端
5	波形录制按钮	15	触发控制区
6	导航旋钮	16	功能菜单键
7	水平控制区	17	垂直控制区
8	全部清除键	18	模拟通道输入端
9	波形自动显示	19	USB HOST 接口
10	运行控制键	20	电源键

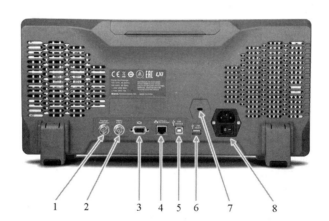

1—触发输出/自校正；2—参考时钟；3—视频输出；4—LAN；5—USB DECICE；
6—USB HOST；7—锁孔；8—AC 电源插孔/开关。

图 5.30　DS4012 数字示波器后面板

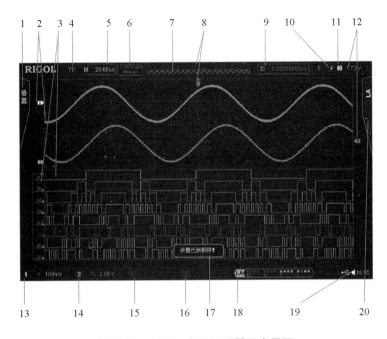

图 5.31　DS4012 数字示波器用户界面

表 5.6　图 5.31 图注说明

编号	说明	编号	说明
1	动测量选项	11	触发源
2	模拟通道标记/波形	12	触发电平/阈值
3	数字通道标记/波形	13	CH1 垂直挡位
4	运行状态	14	CH2 垂直挡位
5	水平时基	15	CH3 垂直挡位（无）
6	采样率/存储深度	16	CH4 垂直挡位（无）
7	波形存储器	17	消息框
8	触发位置	18	数字通道状态区
9	水平位移	19	通知区域
10	触发类型	20	操作菜单

2）基本操作

（1）设置垂直系统

• 启用模拟通道

将一个信号接入任一通道如 CH1 的通道连接器后，按前面板垂直控制区（VERTICAL）中的 CH1 开启通道，此时：

面板：该键背灯变亮，同时如果菜单中对应的功能已打开，按键下方的字符"AC"、"50"和"BW"变亮。注意，"AC"、"50"或"BW"的亮灭不受通道开关状态的限制。

屏幕：屏幕右侧显示通道设置菜单，同时屏幕下方的通道标签突出显示。通道标签中显示的信息与当前通道设置有关。

打开通道后，根据输入信号调整通道的垂直档位、水平时基以及触发方式等参数，使波形显示易于观察和测量。

• 通道耦合

设置耦合方式可以滤除不需要的信号。例如，被测信号是一个含有直流偏置的方波信号，当耦合方式为"直流"，被测信号含有的直流分量和交流分量都可以通过；当耦合方式为"交流"，被测信号含有的直流分量被阻隔；当耦合方式为"接地"，被测信号含有的直流分量和交流分量都被阻隔。

按 CH1 →耦合，使用旋钮↻选择所需的耦合方式（默认为直流）。当前耦合方式会显示在屏幕下方的通道标签中。选择"交流"时，前面板 CH1 通道键下方的"AC"字符会变亮。也可以连续按耦合软键切换耦合方式。

• 带宽限制

设置带宽限制可以减少显示噪声。例如，被测信号是一含有高频振荡的脉冲信号，当关闭带宽限制时，被测信号含有的高频分量可以通过。若将带宽限制打开，并限制至 20 MHz、100 MHz 或 200 MHz，则被测信号含有的大于 20 MHz、100 MHz 或 200 MHz 的高频分量被衰减。

按 CH1 →带宽限制，使用旋钮↻设置带宽限制开关（默认为关闭）。打开带宽限制（20 MHz、100 MHz 或 200 MHz）时，屏幕下方的通道标签中会显示字符"B"。也可以连续按带宽限制软键切换带宽限制开关。

• 输入阻抗

为减少示波器和待测电路相互作用引起的电路负载，本示波器提供了两种输入阻抗模式：1 MΩ（默认）和 50 Ω。

按 CH1 →输入，设置示波器的输入阻抗。选择"50 Ω"时，屏幕下方的通道标签中会显示符号"Ω"。

- 波形反相

打开波形反相时，波形显示相对的电位翻转180°；关闭波形反相时，波形正常显示。按 CH1 →反相，打开或关闭波形反相

- 垂直挡位

垂直挡位的调节方式有"粗调"和"微调"两种。按 CH1 →幅度档位，选择所需的模式。转动垂直 SCALE 旋钮调节垂直档位，顺时针转动减小档位，逆时针转动增大档位。

垂直挡位的调节范围与当前设置的探头比有关。默认情况下，探头衰减比为1X，垂直挡位的调节范围为 1 mV/div ~ 5 V/div。

- 垂直扩展

在使用垂直 SCALE 旋钮改变模拟通道的垂直档位时，可以选择围绕屏幕中心或信号接地点进行垂直信号扩展或压缩。

按 Utility →系统→垂直扩展，选择"屏幕中心"或"接地电平"。默认为"接地电平"。选择"屏幕中心"改变垂直档位时，波形将围绕屏幕中心扩展或压缩；选择"接地电平"改变垂直档位时，波形的接地电平将保持在显示屏的同一点，波形以该点为中心扩展或压缩。

- 幅度单位

为当前通道选择幅度显示的单位。可选择的单位为 W、A、V 和 U。修改单位后，通道标签中的单位相应改变。

按 CH1 →单位，选择所需的单位，默认单位为 V。

- 延迟校正

使用示波器进行实际测量时，探头电缆的传输延迟可能带来较大的误差（零点偏移）。MSO4000/DS4000 系列示波器支持用户设定一个延迟时间以校正对应通道的零点偏移。零点偏移定义为波形与触发电平线的交点相对于触发位置的偏移量，如图5.32所示。

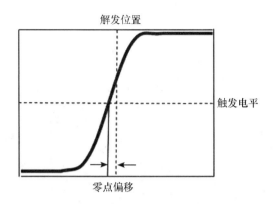

图 5.32 零点偏移显示

按 CH1 →延迟校正，使用旋钮设置所需的延迟时间。该参数的可设置范围为 -100 ~ 100 ns。该参数的设置与当前设置的水平时基的大小有关，例如：当水平时基为 5 µs 时，可设置延迟时间的步进为 100 ns；当水平时基为 1 µs 时，可设置延迟时间的步进为 20 ns；当水平时基为 500 ns 时，可设置延迟时间步进为 10 ns。

（2）设置水平系统

● 扫描延迟

延迟扫描可用来水平放大一段波形，以便查看图像细节。

按前面板水平控制区（HORIZONTAL）中的 MENU 键后，按延迟扫描软键，打开或关闭延迟扫描。注意，要打开延迟扫描，当前的时基模式必须是"Y - T"，且"通过/失败测试"已禁用。延迟扫描时基应小于或等于主时基。

延迟扫描模式下，屏幕被分成图 5.33 所示的两个显示区域。

● 时基模式

按前面板水平控制区（HORIZONTAL）中的 MENU 键后，按时基软键，可以选择示波器的时基模式，默认为 Y - T 模式。

Y - T 模式为主时基模式，适用于所有输入通道。该模式下，Y 轴表示电压量，X 轴表示时间量。X - Y 模式用于测试信号经过一个电路网络产生的相位变化。将示波器与电路连接，监测电路的输入输出信号。

● 水平挡位

与"垂直挡位"相似，水平挡位的调节方式有"粗调"和"微调"两种。

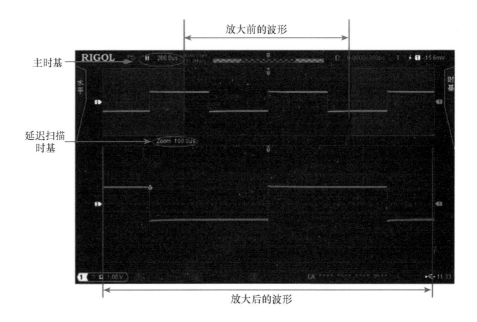

图 5.33　波形水平放大前后显示

按前面板水平控制区（HORIZONTAL）中的 **MENU** → **档位调节**，选择所需的模式。转动水平 SCALE 旋钮调节水平档位，顺时针转动减小档位，逆时针转动增大档位。水平挡位的调节范围为 1.000 ns ~ 1 000 s。

● 水平参考

水平参考是指调节水平 SCALE 旋钮时，屏幕波形进行水平扩展或压缩所依据的基准位置。$Y - T$ 模式下（$X - Y$ 模式和 Roll 模式下无此功能），按前面板水平控制区（HORIZONTAL）中的 **MENU** →**水平参考**，选择所需的参考方式。默认为"屏幕中心"。

参考方式为屏幕中心下改变水平时基时，波形围绕屏幕中心水平扩展或压缩；触发位置下改变水平时基时，波形围绕触发点水平扩展或压缩；自定义模式下改变水平时基时，波形围绕用户自定义的参考位置水平扩展或压缩。屏幕水平方向上最多可显示 700 个点，最左边为 350，最右边为 – 350。

（3）设置采样系统

● 获取方式

获取方式用于控制如何从采样点中产生出波形点。

按前面板的功能菜单 $\boxed{\text{Acquire}}$→获取方式，使用🔄选择所需的获取方式（默认为普通），然后按下旋钮选中该方式。也可以连续按获取方式软键切换获取方式。

获取方式为普通时，示波器按相等的时间间隔对信号采样以重建波形。对于大多数波形来说，使用该模式均可以产生最佳的显示效果。

获取方式为平均时，示波器对多次采样的波形进行平均，以减少输入信号上的随机噪声并提高垂直分辨率。平均次数越高，噪声越小并且垂直分辨率越高，显示的波形对波形变化的响应越慢。

平均次数的可设置范围为 2～8 192，默认为 2。选择"平均"模式后，按平均次数菜单，使用旋钮🔄设置所需的平均次数，每次设置的增量为 2 的幂函数。

● 峰值检测

在该模式下，示波器采集采样间隔信号的最大值和最小值，以获取信号的包络或可能丢失的窄脉冲。使用该模式可以避免信号的混淆，但显示的噪声比较大。

该模式下，示波器可以显示至少与采样周期一样宽的所有脉冲。

● 高分辨率

该模式采用一种超取样技术，对采样波形的邻近点进行平均，可减小输入信号上的随机噪声，并在屏幕上产生更加平滑的波形。通常，用于数字转换器的采样率高于采集存储器的保存速率的情况下。

"平均"和"高分辨率"模式使用的平均方式不一样。前者为"多次采样平均"，后者为"单次采样平均"。

● 采样率

采样是指示波器按照一定的时间间隔将模拟信号转换为数字信号，并且按顺序存储的过程。采样率为该时间间隔的倒数。

本示波器的模拟通道采样率高达 4 GSa/s。采样率显示在屏幕上方状态栏和采样率菜单中，可通过水平 SCALE 旋钮调节水平时基（s/div），或修改存储深度来改变。

● 存储深度

存储深度是指示波器在一次触发采集中所能存储的波形点数，其反映了采集存储器的存储能力。MSO4000/DS4000 最大能提供 140 M 点的存储深度。

存储深度、采样率与波形长度三者的关系满足下式：

存储深度 = 采样率（Sa/s）× 波形长度（s/div × div）

因此，较高的存储深度可以保证较高的采样率。

按 $\boxed{\text{Acquire}}$ → **存储深度**，使用旋钮 ↻ 选择所需的存储深度（默认为自动），然后按下旋钮选中该选项。也可以连续按存储深度软键切换存储深度。

单通道打开时，可选的存储深度包括：自动、14 k 点、140 k 点、1.4 M 点、14 M 点、140 M 点。"自动"模式下，示波器根据当前的采样率自动选择存储深度。

双通道打开时，可选的存储深度包括：自动、7 k 点、70 k 点、700 k 点、7 M 点、70 M 点。"自动"模式下，示波器根据当前的采样率自动选择存储深度。

- 抗混叠

在较慢的扫描速度下，采样率将降低，使用专用显示算法可将混叠的可能性最小化。

按 $\boxed{\text{Acquire}}$ →**抗混叠**，选择"打开"或"关闭"抗混叠功能。默认关闭抗混叠，关闭时，波形更容易混叠。

（4）触发示波器

所谓触发，是指按照需求设置一定的触发条件，当波形流中的某一个波形满足这一条件时，示波器即时捕获该波形及其相邻的部分，并显示在屏幕上。数字示波器在工作时，不论仪器是否稳定触发，总是在不断地采集波形，但只有稳定的触发才有稳定的显示。触发电路保证每次时基扫描或采集都从输入信号上与用户定义的触发条件一致开始，即每一次扫描与采集同步，捕获的波形相重叠，从而显示稳定的波形。

- 触发信源

按前面板触发控制区（TRIGGER）中的 $\boxed{\text{MENU}}$ →**信源选择**，选择所需的触发信源。从模拟通道 CH1 – CH2、外触发［**EXT TRIG**］和［**LOGIC D**0 – **D15**］连接器输入的信号，以及市电（交流电源）均可以作为触发信源。

- 触发方式

预触发/延迟触发：在触发事件之前/后采集数据。触发位置通常位于屏幕的水平中心，全屏显示时，可以分别观察到 7 格的预触发和延迟触发信息。通过水平 POSITION 旋钮可以调节波形的水平位移，查看更多的预触发信息，从而了解触发前后的信号情况，例如，捕捉电路产生的毛刺，分析预触发数据，查出毛刺产生的原因。

按面板触发控制区（TRIGGER）中的 $\boxed{\text{MODE}}$ 键，或通过 $\boxed{\text{MENU}}$→触发方式菜单选择所需触发方式，当前选中的方式对应的状态灯会变亮。

Auto（自动）：不论是否满足触发条件都有波形显示。无信号输入时显示一条水平线。

选择该模式后，示波器首先填充预触发缓冲器，然后搜索一次触发，同时继续填充数据。搜索触发时，首先填入预触发缓冲器的数据将溢出而被推出先进先出队列（First Input First Out，FIFO），搜索到触发后，预触发缓冲器将包含触发前采集的数据；如果没有搜索到触发，示波器进行强制触发。如果强制触发无效，示波器虽然显示波形，但波形不稳定；如果强制触发有效，示波器将显示稳定的波形。

该触发方式适用于低重复率和未知信号电平。要显示直流信号，必须使用该触发方式。注意：当水平时基设定在 50 ms/div 或更大时，该触发方式允许没有触发信号。

Normal（普通）：在满足触发条件时显示波形，不满足触发条件时保持原有波形显示，并等待下一次触发。

选择该模式后，示波器首先填充预触发缓冲器，然后搜索一次触发，同时继续填充数据。搜索触发时，首先填入预触发缓冲器的数据将溢出而被推出 FIFO，搜索到触发后，示波器将填充后触发缓冲器并显示采集存储器。

该触发方式适用于低重复率信号和不要求自动触发的信号。注意：该模式下按 $\boxed{\text{FORCE}}$ 键可强制产生一个触发信号。

Single（单次）：选择该模式后，$\boxed{\text{SINGLE}}$ 键灯变亮，示波器等待触发，在满足触发条件时显示波形，然后停止。注意：该模式下按 $\boxed{\text{FORCE}}$ 键可强制产生一个触发信号。

● 触发耦合

触发耦合决定信号的哪种分量被传送到触发电路，与"通道耦合"进行区别。

直流：允许直流和交流成分通过触发路径。

交流：阻挡任何直流成分并衰减 8 Hz 以下的信号。

低频抑制：阻挡直流成分并抑制 5 kHz 以下的低频成分。

高频抑制：抑制 50 kHz 以上的高频成分。

按前面板触发控制区（TRIGGER）中的 $\boxed{\text{MENU}}$→触发设置→耦合，选择所需的耦合类型（默认为直流）。

●触发释抑

触发释抑可稳定触发复杂波形（如脉冲系列）。释抑时间是指示波器重新启用触发电路所等待的时间。在释抑期间，示波器在释抑时间结束前不会触发。

按前面板触发控制区（TRIGGER）中的 MENU →触发设置→触发释抑，使用旋钮 ↻ 改变释抑时间（默认为 100 ns），直至波形稳定触发。释抑时间的可调范围为 100 ns ~ 10 s。

●噪声抑制

噪声抑制增加了触发灵敏度。通过增加触发灵敏度，可降低噪声触发的可能性，但同时也会降低触发灵敏度，因此触发示波器需要一个稍大的信号。

按前面板触发控制区（TRIGGER）中的 MENU →触发设置→噪声抑制，打开或关闭噪声抑制功能。

●触发类型

MSO4000/DS4000 拥有丰富的触发功能，包括边沿触发、脉宽触发、欠幅脉冲触发、第 N 边沿触发、斜率触发、视频触发、码型触发、RS232 触发、I2C 触发、SPI 触发、CAN 触发、FlexRay 触发、USB 触发。现以边沿触发、脉宽触发为例进行说明。

边沿触发为在输入信号指定边沿的触发阈值上触发，使用步骤为：

Step 1　按触发类型键选择"边沿触发"，此时屏幕右下角显示触发设置信息 62.5mV 。

Step 2　按信源选择键选择 CH1 – CH2、EXT、EXT/5、市电作为触发信源，当前信源显示在屏幕上角。

Step 3　按边沿类型键选择在输入信号的何种边沿上触发（上升沿、下降沿、边沿）。

Step 4　按触发方式键选择该触发类型下的触发方式（自动、普通或单次）。

Step 5　按触发设置键设置该触发类型下的触发参数（触发耦合、触发释抑和噪声抑制）。

Step 6　使用触发 LEVEL 旋钮修改电平，屏幕上会出现一条橘红色的触发电平线以及触发标志"T"，并随旋钮转动上下移动，同时屏幕左下角的触发电平值（如 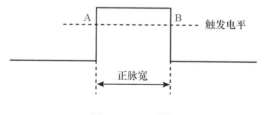Trig Level 340mV ）也会实时变化。停止转动旋钮后，触发电平线和触发标志在约 2 s 后消失。

脉宽触发是指在指定宽度的正脉冲或负脉冲上触发，使用步骤为：

Step 1　按触发类型键选择"脉宽触发"，此时屏幕右下角显示触发设置信息 Ⅱ① 62.5mV 。

Step 2　按信源选择键选择 CH1 – CH2 或 EXT 作为触发信源，当前信源显示在屏幕右上角。

Step 3　按脉冲条件键选择所需的脉冲条件。

⌐→⌐：在输入信号的正脉宽大于指定的脉宽设置时触发。

⌐←⌐：在输入信号的正脉宽小于指定的脉宽设置时触发。

⌐←→⌐：在输入信号的正脉宽大于指定的脉宽下限且小于指定的脉宽上限时触发。

└→└：在输入信号的负脉宽大于指定的脉宽设置时触发。

└←└：在输入信号的负脉宽小于指定的脉宽设置时触发。

└←→└：在输入信号的负脉宽大于指定的脉宽下限且小于指定的脉宽上限时触发。

Step 4　脉宽设置。

触发电平和正脉冲相交的两点间时间差定义为正脉宽，如图 5.34 所示。

A ━━━━━━━━━━ B ━━ 触发电平

←— 正脉宽 —→

图 5.34　正脉宽

脉宽条件设置为 ⌐→⌐、⌐←⌐、└→└、└←└ 时，按脉宽设置软键，使用旋钮↻输入所需的值，可设置范围为 4 ns ~ 4 s。

脉宽条件设置为 ⌐←→⌐、└←→└ 时，分别按脉宽上限和脉宽下限软键，使用旋钮↻输入所需的值。脉宽上限可设置范围为 12 ns ~ 4 s，脉宽下限可设置范围为 4 ns ~ 3.99 s。注意：脉宽下限必须小于脉宽上限。

Step 5　按触发方式键选择该触发类型下的触发方式（自动、普通或单次）。选定触发方式，对应的状态灯变亮。

Step 6　按触发设置键设置该触发类型下的触发参数（触发耦合、触发释抑和噪声抑制）。

Step 7　使用触发 LEVEL 旋钮修改电平。

（5）操作测量

● 数学运算

MSO4000/DS4000 可实现通道间波形的多种数学运算，包括加法（A + B）、减法（A − B）、乘法（A × B）、除法（A ÷ B）、FFT、逻辑运算及高级运算。数学运算的结果还允许进一步测量。

按前面板垂直控制区（VERTICAL）中的 **MATH** →**操作**，选择所需的运算功能。数学运算的结果显示在屏幕上标记为"M"的波形上。

加/减/乘/除法：将信源 A 与信源 B 的波形电压值逐点相加/减/乘/除并显示结果。以加法为例，其使用方式为：

Step 1　按 **MATH** →**操作**选择"A ＋ B"：

Step 2　按信源 A 和信源 B 软键，选择所需的通道，可设置为 CH1、CH2。

Step 3　按 软键，使用 可以调节运算结果的垂直位移。

Step 4　按 软键，使用 可以调节运算结果的垂直档位。

Step 5　按反相软键，可打开或关闭运算结果的反相显示。

Step 6　使用水平 POSITION 旋钮和水平 SCALE 旋钮可以调节运算结果的水平位移和水平档位。

FFT：对指定的信源信号做快速傅里叶变换，将时域信号转换为频域信号。

Step 1　按 **MATH** →**操作**选择"FFT"后，可以设置 FFT 运算的参数。注意：选择 FFT 运算后，将自动关闭 LA 总线显示功能，且处于禁用状态。

Step 2　按信源选择软键，选择所需的通道，可设置为 CH1、CH2。

Step 3　按窗函数软键，选择所需的窗函数，默认为"Rectangle"。

使用窗函数可以有效减小频谱泄漏效应。MSO4000/DS4000 提供 4 种 FFT 窗函数（Rectangle、Hanning、Hamming、Blackman），每种窗函数的特点及适合测量的波形不同（见表5.7），需根据所测量的波形及其特点进行选择。

表 5.7　4 种窗函数的特点及适合测量的波形

窗函数	特点	适合测量的波形
Rectangle	最好的频率分辨率； 最差的幅度分辨率； 与不加窗的状况基本类似	暂态或短脉冲，信号电平在此前后大致相等； 频率非常接近的等幅正弦波； 具有变化较缓慢波谱的宽带随机噪声
Hanning	较好的频率分辨率； 较差的幅度分辨率	正弦、周期和窄带随机噪声
Hamming	稍好于 Hanning 窗的频率分辨率	暂态或短脉冲，信号电平在此前后相关很大
Blackman	最好的幅度分辨率； 最差的频率分辨率	单频信号，寻找更高次谐波

Step 4　按显示软键，选择"分屏"（默认）或"全屏"显示模式。

分屏：信源通道和 FFT 运算结果分屏显示，时域和频域信号一目了然。

全屏：信源通道和 FFT 运算结果在同一窗口显示，可以更清晰地观察频谱并进行更精确的测量。

注意：当前处于 FFT 模式下且 MATH 为活动通道时，也可以按下水平 SCALE 旋钮切换"分屏"或"全屏"。

Step 5　按垂直刻度软键，可选择所需单位，默认为 Vrms。分别按 软键和按 软键，使用 旋钮可设置 FFT 频谱的垂直位移和垂直幅度值。

Step 6　按抗混叠软键，打开或关闭抗混叠功能。打开时，水平刻度、FFT 采样率和中心频率均变为原来的 2 倍。

提示：具有直流成分或偏差的信号会导致 FFT 波形成分的错误或偏差。为减少直流成分可将信源的"通道耦合"设为"交流"方式。为减少重复或单次脉冲事件的随机噪声以及混叠频率成分，可将示波器的"获取方式"设为"平均"方式。

● 自动测量

① AUTO 后的快速测量。

示波器已正确连接，并检测到输入信号时，按 AUTO 键启用波形自动设置功能并打开表 5.8 中所列功能菜单。

表5.8　波形自动设置功能

波形	名称	说明
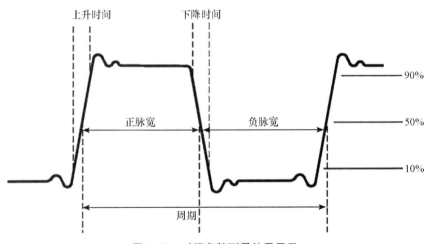	单周期	对当前信源进行单周期的"周期"和"频率"测量，并在屏幕下方显示测量结果
	多周期	对当前信源进行多周期的"周期"和"频率"测量，并在屏幕下方显示测量结果
	上升沿	对当前信源的"上升时间"进行测量，并在屏幕下方显示测量结果
	下降沿	对当前信源的"下降时间"进行测量，并在屏幕下方显示测量结果

注意：$\boxed{\text{AUTO}}$功能要求被测信号的频率不小于 20 Hz，占空比大于 1%，且幅度至少为 20 mVpp。若被测信号参数超出此限定范围，则按下该键后，弹出菜单可能不显示快速参数测量选项。

②一键测量 24 种参数

按屏幕左侧的 $\boxed{\text{MENU}}$ 键，可打开 24 种波形参数测量菜单，然后按下相应的菜单软键快速实现"一键"测量，测量结果将出现在屏幕底部。可测量的参数包括时间参数、延迟和相位参数、电压参数、面积参数四大类。

（a）时间参数

测量结果显示与测量值及说明分别见图 5.35 和表 5.9。

图 5.35　时间参数测量结果显示

表 5.9　时间参数测量值及说明

测量值	说明	测量值	说明
周期	定义为两个连续、同极性边沿的中阈值交叉点之间的时间	频率	定义为周期的倒数
上升时间	信号幅度从 10% 上升至 90% 所经历的时间	下降时间	信号幅度从 90% 下降至 10% 所经历的时间
正脉宽	从脉冲上升沿的 50% 阈值处到紧接着的一个下降沿的 50% 阈值处之间的时间差	负脉宽	从脉冲下降沿的 50% 阈值处到紧接着的一个上升沿的 50% 阈值处之间的时间差
正占空比	正脉宽与周期的比值	负占空比	负脉宽与周期的比值

（b）延迟和相位参数

测量结果显示与测量值及说明分别见图 5.36 和表 5.10。

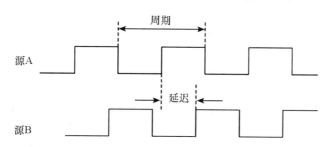

图 5.36　延迟和相位参数测量结果显示

表 5.10　延迟和相位参数测量值及说明

测量值	说明
延迟 A→B ⌐	源 A 和源 B 的上升沿之间的时间差。负的延迟表示源 A 的上升沿出现在源 B 之后
延迟 A→B ⌐	源 A 和源 B 的下降沿之间的时间差。负的延迟表示源 A 的下降沿出现在源 B 之后
相位 A→B ⌐	根据"延迟 A→B"和源 A 的周期计算出的相位差，以度表示
相位 A→B ⌐	根据"延迟 A→B"和源 A 的周期计算出的相位差，以度表示

（c）电压参数

测量结果显示与测量值及说明分别见图 5.37 和表 5.11。

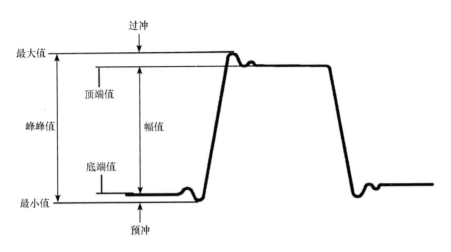

图 5.37　电压参数测量结果显示

表 5.11　电压参数测量值及说明

测量值	说明	测量值	说明
最大值	波形最高点至 GND（地）的电压值	最小值	波形最低点至 GND（地）的电压值
峰峰值	波形最高点至最低点的电压值	幅值	波形顶端至底端的电压值
顶端值	波形平顶至 GND（地）的电压值	底端值	波形平底至 GND（地）的电压值
平均值	整个波形或选通区域上的算术平均值。$$\bar{x} = \frac{\sum x_i}{n}$$ 其中，x_i 是测量的第 i 个点，n 是测量的点数	均方根值	整个波形或选通区域上的均方根值。$$RMS = \sqrt{\frac{\sum_{i=1}^{n} x_i^2}{n}}$$ 其中，x_i 是测量的第 i 个点，n 是测量的点数
过冲	波形最大值和顶端值之差与幅值的比值	预冲	波形最小值和底端值之差与幅值的比值

（d）面积参数

测量值及说明见表 5.12。

表 5.12　面积参数测量值及说明

测量值	说明
〜〜〜 面积	屏幕内整个波形的面积，单位是伏·秒（V·s）。零基准（即垂直偏移）以上测量的面积为正，零基准以下测量的面积为负，测得的面积为屏幕内整个波形面积的代数和
〜〜〜 周期面积	屏幕波形的第一个周期的面积，单位是伏·秒。零基准（即垂直偏移）以上的面积为正，零基准以下的面积为负，测得的面积为整个周期面积的代数和。注意：当屏幕波形不满足一个周期时，测得的周期面积为零

实施"一键"测量的步骤为：

Step 1　测量源选择。

对于不同的波形参数，测量源的选择方法不同。

（ⅰ）时间、电压和面积参数测量

按 $\boxed{\text{Measure}}$ →**Source**，转动多功能旋钮 ↻ 选择要测量的通道，然后按下旋钮。也可以连续按 Source 切换电流测量源。可用通道为 CH1 至 CH2、MATH 5 。

测量项中的时间和电压参数图标，以及屏幕中的测量结果，总是使用与当前测量通道（ $\boxed{\text{Measure}}$ →**Source**）一致的颜色标记，而延迟和相位测量项总是用绿色标记。

（ⅱ）延迟和相位参数测量

按 $\boxed{\text{Measure}}$ →**Setting**→**Type**，转动多功能旋钮 ↻ 选择"延迟"或"相位"，然后按下旋钮。也可以连续按 Type 切换当前测量类型。然后，按 SourceA 和 SourceB 分别设置当前测量类型的两个源通道。

Step 2　实施测量。

（ⅰ）连续按屏幕左侧的 $\boxed{\text{MENU}}$ ，打开所需的波形参数测量菜单。

（ⅱ）使用屏幕左侧的上翻页/下翻页键 ▲/▼ 选择指定的菜单页（即包含待测量参数的菜单页）。

（ⅲ）按相应菜单软键测量当前测量源的相应参数。测量结果将显示在屏幕底部。

时间、电压、面积参数的菜单项图标和测量结果始终与当前测量通道的颜色相同。延迟和相位参数的菜单项图标和测量结果始终为白色；菜单项图标和结果中的数字表示当前选择的信号源 A 和信号源 B（当信号源为模拟通道时，数字的颜色与所选通道的颜色相同）。

- 阈值设置

阈值设置用于设置对模拟通道进行自动测量时的阈值上限、中间值和下限（以垂直幅度的百分比表示）。修改阈值会影响所有时间、延迟和相位参数的测量结果。

按 $\boxed{\text{Measure}}$→**Setting**→**Type**，转动多功能旋钮 ↻ 选择"Threshold"并按下旋钮，也可以连续按 **Type** 切换阈值。

（ⅰ）按 Max 键并转动多功能旋钮 ↻ 以设置阈值上限。可用范围为 7%～95%，默认值为 90%。上限应至少比中间值高 1%。将上限降低到当前中间值时，中间值（也可能包括下限）将自动降低，以使其低于上限。

（ⅱ）按 Mid 键并转动多功能旋钮 ↻ 以设置阈值中间值。可用范围为 6%～94%，默认值为 50%。中间值的实际范围与当前上限和下限有关，从"当前下限 +1%"到"当前上限 −1%"。

（ⅲ）按 Min 键并转动多功能旋钮 ↻ 以设置阈值下限。可用范围为 5%～93%，默认值为 10%。下限应至少比中间值低 1%。将下限增加到当前中间值时，中间值（也可能包括上限）将自动增加，以使其高于下限。

- 测量范围设置

测量范围设置的步骤为：

Step1　信源选择。

按 $\boxed{\text{Measure}}$→**Source**，选择所需测量的通道（CH1 至 CH2 或 MATH）。屏幕左侧 $\boxed{\text{MENU}}$ 菜单下的参数图标颜色会根据所选信源变化。

Step2　测量范围。

按 $\boxed{\text{Measure}}$→**Setting**→**Type**，选择"屏幕区域 Screen"或"光标区域 Cursor"进行测量。选择"光标区域 Cursor"时，屏幕出现两条光标线，此时，按 Cursor A 和 Cursor B 后使用多功能旋钮 ↻ 可分别调节两条光标线的位置，或者按 CursorAB 软键，使用多功能旋钮 ↻ 可同时调节光标 A 和 B 的位置。

- 清除测量结果

DS4012 示波器允许用户清除或恢复一键测量的测量结果。如果当前启用了一个或多个测量项目，则可以清除或恢复最后启用的最多 5 个测量项目的测量结果。清除测量结果的步骤为：

按 Measure →Clear 可打开清除测量。

（ⅰ）按 Item *n*（*n* = 1 ~ 5）删除或恢复指定的测量项目。删除或恢复一个测量项目时，屏幕底部其他测量项目的测量结果将向左或向右移动一个项目（如果还有其他测量项目）。

（ⅱ）按 All Items 可删除或恢复最多 5 个同时启用的测量项目的测量结果。

• 打开/关闭统计功能

DS4012 示波器提供一个关键测量结果的统计功能，用户最多可以对最后启用的 5 个测量项目进行统计，并显示统计结果。

按 Measure →Statistic 可打开或关闭统计功能。

当统计功能打开时，统计结果中的指定项目将显示在屏幕底部。按 Mode 可选择"极值 Extremum"或"差异 Difference"统计模式。

极值：显示当前值、平均值、最小值和最大值。

差异：显示当前值、平均值、标准差和计数值。

• 打开/关闭测量历史记录

该示波器允许用户查看一个关键测量的测量历史（仅显示测量结果的测量项目）。

按 Measure →History 可打开测量历史菜单。在此菜单中，按 History 可打开或关闭测量历史记录。

• 进行所有测量

所有测量功能可以测量指定通道的波形的所有时间、电压和面积参数，并将测量结果显示在屏幕上。打开所有测量功能时，一键测量功能仍然有效，同时，"清除测量"操作不会清除所有测量结果。进行所有测量的操作步骤为：

Step 1　选择测量通道。

按 Measure →Measure Source，旋转多功能旋钮 ↻ 选择指定的通道（CH1 至 CH2 或 MATH），然后按旋钮或按 Measure Source 切换通道的选择状态。通道名称前显示该通道的选择状态；☑表示对该通道执行全部测量功能；■表示不对该通道执行全部测量功能。

Step 2　打开全部测量功能。

按 Display all 打开全部测量功能。示波器将测量当前选择的所有源通道的所有时间、电压和面积参数（共21项），并将测量结果显示在屏幕上。

- 进行光标测量

光标是水平和垂直标记，可用于测量选定波形上的 X 轴值和 Y 轴值。一键测量支持的所有29个波形参数都可以通过光标测量进行测量。游标测量功能提供 X 光标和 Y 光标两种游标。

X 光标是用于执行水平调整的垂直实线/虚线。它可用于测量时间（s）、频率（Hz）、相位（°）和比率（%）。光标 A 是一条垂直实线，光标 B 是一条垂直虚线。

Y 光标是用于执行垂直调整的水平实线/虚线。它可用于测量振幅（单位与源通道振幅相同）和比率（%）。光标 A 是一条水平实线，光标 B 是一条水平虚线。

进行光标测量的步骤为：

按 Cursor （在前面板的功能菜单中）→**Mode**，转动多功能旋钮↻选择所需的光标模式（默认为"关闭"），然后按下旋钮。也可以连续按光标或模式切换当前光标模式。可用的模式有"手动"、"快速"、"自动"和"X - Y"。选择"关闭"时，光标测量功能关闭。

（6）存储和调用

使用者可以将示波器的当前设置、波形和屏幕图像以各种格式保存在内部存储器或外部 USB 大容量存储设备（如 USB 存储设备）中，并在需要时调用存储的设置或波形。通过"磁盘管理"菜单在内部存储器或外部 USB 存储设备中创建指定类型的新文件，以及删除和重命名指定类型的文件。

- 存储系统

MSO4000/DS4000 的内部存储器（本地磁盘）最多可存储通过/失败测试的10个设置文件、10个参考波形文件和10个掩码文件。此外，该示波器提供两个 USB 主机接口（一个位于前面板上，另一个位于后面板上），用于连接 USB 存储设备以进行外部存储。连接的 USB 存储设备标记为"磁盘 D"（前面板）和"磁盘 E"（后面板）。具体操作步骤为：

按 Storage 存储键进入存储和调用设置界面，执行存储或召回操作时，会显示表5.13中所列图标。

表 5.13　存储或召回操作显示图标

图标	描述	图标	描述
	返回上一个磁盘管理界面		波形文件
	本地磁盘存储器		JPEG 文件
	外部 USB 存储设备		通过/失败掩码文件
	文件夹		PNG 文件
	返回上一个文件夹		TIFF 文件
	未知文件		参考波形文件
	位图文件		设置文件
	CSV 文件		跟踪文件

- 存储类型

按 **Storage**→**Storage** 选择所需的存储类型。如果当前没有 USB 存储设备连接到仪器,则只有"设置"可用。所有存储类型如下。

①轨迹存储

将波形数据以"∗.trc"格式保存到外部存储器中。可将所有打开通道的数据保存在同一个文件中,调出时直接将数据显示到屏幕上。

②波形存储

将波形数据以"∗.wfm"格式保存到外部存储器中。已保存文件中包含模拟通道的波形数据和示波器的主要设置信息,并且所有数据均可以被调用。

③设置存储

将示波器的设置以"∗.stp"格式保存到内部或外部存储器中。内部最多可存储 10 个设置文件(LocalSetup0.stp 至 LocalSetup9.stp)。可以调出已保存的设置。

④图像存储

将屏幕图像以"∗.bmp"、"∗.png"、".jpeg"或"∗.tiff"格式保存到

外部存储器中。可以指定文件名和保存的路径，并可以使用相同文件名将对应的参数文件（*.txt）保存到同一目录下。不支持图像和参数文件的调出。

⑤CSV 存储

将屏幕显示或指定通道的波形数据以单个"*.csv"格式文件保存到外部存储器中。可以指定文件名和保存的路径，并可以使用相同文件名将对应的参数文件（*.txt）保存到同一目录下。不支持 CSV 和参数文件的调出。

● 内部存储和调用

内部存储器支持存储和调用设置文件、参考波形文件和通过/失败测试掩码文件。这里以设置文件为例介绍内部存储和调用的方法和步骤。

Step 1　将示波器指定的设置保存到内部存储器。

①将信号接入示波器并获得稳定的显示。

②按 Storage →Storage，使用多功能旋钮↻选择"Setups"后按旋钮保存，也可连续按 Storage 键切换到"Setups"。

③按 Save 打开磁盘管理界面，转动多功能旋钮↻选择"Local Disk 本地磁盘"（字符变为绿色），按下旋钮打开本地磁盘存储界面。

④本地磁盘中最多可以存储10个设置文件。使用多功能旋钮↻选择需要的存储位置后，Save 菜单变为可用状态，按下该菜单将执行保存操作。如果当前位置上已存有文件，可以按 Delete→OK 将原文件覆盖，也可以按 Delete 菜单将其删除。

Step 2　将设置文件加载到内存中。

①按 Storage → Storage，使用多功能旋钮↻选择"Setups"后按旋钮保存，也可连续按 Storage 键切换到"Setups"。

②按 Load 打开磁盘管理界面，转动多功能旋钮↻选择"Local Disk 本地磁盘"（字符变为绿色），按下旋钮打开本地磁盘存储界面。

③使用多功能旋钮↻选择需要加载的文件，Load 变为可用，然后按软键加载所选文件。

● 外部存储和调用

外部存储器支持存储存储器中所有类型的文件，以及调用"轨迹"、"波形"和"设置"文件，但不支持召回"图片"和"CSV"文件。在执行外部存储和调用之前，确保 USB 存储设备已正确连接。外部存储和召回的方法和步骤如下。

Step 1　在外部 USB 存储设备中保存指定类型的文件（以 CSV 存储为

例）。

①将信号连接到示波器并获得稳定的显示。

②按 Storage →Storage，使用多功能旋钮 选择 "CSV" 后按下旋钮，也可以连续按存储切换到 "CSV"。

③设置 CSV 存储参数。

（a）按 DataDepth 选择 "Displayed 显示" 或 "Maximum 最大"。

选择 "Maximum 最大值" 时，按 Channel，转动多功能旋钮 以选择所需通道，然后按下旋钮或按下 Channel 以切换通道（通道组）的波形数据存储状态，信道的波形数据存储状态在信道名称前面显示。■表示保存通道的波形数据；■表示不保存通道的波形数据。

（b）按 Para. Save 可启用或禁用参数保存功能。启用后，相应的参数文件（∗.txt）将以与 CSV 文件相同的文件名存储在同一目录中。

（c）按 Sequence 可设置是否为 CSV 文件添加序列。

④按 Save 打开磁盘管理界面，转动多功能旋钮 选择 "磁盘 D"（字符变为绿色），按下旋钮打开外部磁盘存储界面。

⑤转动多功能旋钮 以选择所需的存储位置。该文件可以存储在 USB 存储设备的根目录下或根目录下的某个文件夹中。

⑥选择存储位置后，按 New File 打开文件名界面。创建新文件名后，按 OK 执行保存操作。如果当前位置包含文件，可以按 Save→OK 确定直接覆盖原始文件，或按 Delete 删除文件。

注意：

对于 "轨迹 Traces"、"波形 Waveform" 和 "设置 Setups"，无须设置相应的存储参数。

对于 "图片" 存储，需要设置以下图片存储参数。

（a）按 Pic Type，转动多功能旋钮 以选择所需的图片格式，然后按下旋钮，也可连续按 Pic Type 切换当前图片格式（bmp、png、jpeg 或 tiff）。

（b）按 Para Save 来启用或禁用参数保存功能。启用时，相应的参数文件（∗.txt）将存储在与图片文件具有相同文件名的同一目录下。

（c）按 Inversed 可启用或禁用反转功能。

（d）按 Color 将图像颜色设置为 "灰度" 或 "颜色"。

（e）按 Header 可启用或禁用 Header 显示。启用时，表头将显示型号、日期和时间等仪器信息。

（f）按 Footer 可启用或禁用页脚显示。启用后，页脚将显示仪器的序列号。

Step 2　在外部 USB 存储设备中加载指定类型的文件（以跟踪存储为例）。

①按 **Storage**→**Storage**，转动多功能旋钮↻选择"Traces"，然后按下旋钮，也可以连续按 Storage 切换到"Traces"。

②按 Load 打开磁盘管理界面，转动多功能旋钮↻选择"磁盘 D"（字符变为绿色），按下旋钮打开外部磁盘调用界面。

③转动多功能旋钮↻选择要加载的文件，Load 变为可用状态，然后按 Load 软键加载所选文件。

5.4　Agilent 4263B LCR 测试仪

1. 概述

Agilent 4263B LCR 测试仪（图 5.38）是一款专门用于在生产线上进行元件评估和在工作台上进行基本阻抗测试的 LCR 测试仪，除在测试频率为 100 Hz、120 Hz、1 kHz、10 kHz 和 100 kHz 时可进行基本的阻抗测量外，还可支持变压器测量。

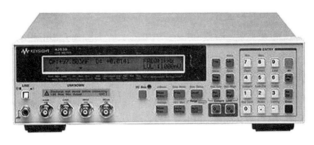

图 5.38　Agilent 4263B LCR 测试仪

2. 主要技术指标

Agilent 4263B LCR 测试仪的主要技术指标见表 5.14。

表 5.14 Agilent 4263B LCR 测试仪的技术指标

指标名称	指标值
频率范围	100 Hz ~ 100 kHz
11 个阻抗参数	Z、Y、L、C、R、X、G、B、D、Q、θ
基本准确度	0.1%
低频下的测量速度	25 ms（100 Hz/120 Hz）
电容器放电的电路保护	4 J
内部直流偏置	1.5 V、2 V

3. 使用说明

1）使用前准备

（1）设置电源线电压

在使用 4263B 测试仪之前，需要设置仪器使其与电源线电压匹配。在确认电源线断开连接的基础上，滑动后面板上的线路电压选择器，与要使用的交流线路电压相匹配。匹配参数见表 5.15。

表 5.15 匹配参数

电压选择器	线路电压	所需保险丝
115 V	100/120 V	T 0.5 A 250 V （Agilent part number 2110 – 0202）
230 V	220/240 V	T 0.5 A 250 V （Agilent part number 2110 – 0202）

（2）设置电源线频率

Step 1 将电源线连接到后面板上的电源线插座。

Step 2 按下线路开关，4263B 测试仪将在接通时发出"嘟嘟"声，并执行自检（如果显示任何信息，参阅操作手册后面的"错误信息"）。显示图 5.29 所示信息后，4263B 测试仪将准备好运行。

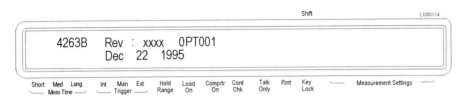

图 5.39 运行前显示

Step 3   按 blue 和 ⊟ 键，界面将显示图 5.40 所示配置菜单。

图 5.40   配置菜单

Step 4   按下 键直到线闪烁（闪烁的项目表示它当前处于选中状态），然后按下 键，将显示图 5.41 所示界面。

图 5.41   选中显示

Step 5   如果设置与交流线路频率不匹配，按 键可在 50 ~ 60 Hz 之间切换设置。

Step 6   按 完成线路频率设置。

Step 7   选中 Exit 退出配置菜单。

2）基本操作

（1）将 4263B 重置为默认设置

Step 1   同时按下 blue 和 可选择重置菜单，界面显示如图 5.42 所示。

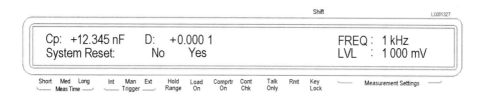

图 5.42　重置菜单

Step 2　使用⊞或⊞选择 Yes，然后按▉。

（2）连接测试夹具

连接测试夹具到测试终端的方式如图 5.43 所示。

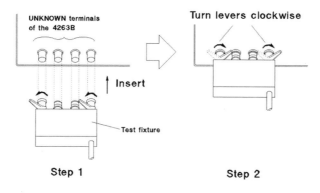

图 5.43　连接测试夹具

（3）设置电缆长度

电缆长度校正功能可消除由电缆长度引起的相移误差。使用安捷伦测试引线时，按照以下步骤进行电缆长度校正：

Step 1　同时按下blue和③，线缆长度 0 m、1 m、2 m 和 4 m 将显示在界面上，如图 5.44 所示。

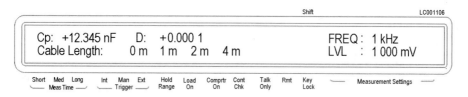

图 5.44　线缆长度显示

闪烁的电缆长度是当前设置。

Step 2 使用或选择所需的电缆长度。

Step 3 按完成配置。

（4）选择测量参数

Step 1 按后，界面将显示主要测量参数，如图 5.45 所示。

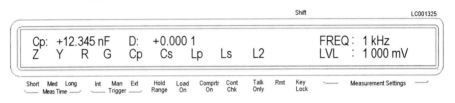

图 5.45 主要测量参数

Step 2 使用或选择所需的主要参数，然后按。

Step 3 然后使用与上一步相同的方式显示辅助参数。

可以选择的次要参数会随主要参数的不同而不同。

Step 4 使用或选择所需的辅助参数，然后按。

（5）设置测试信号频率

按后，测试信号频率选择菜单会展示在面板上，如图 5.46 所示。使用或选择需要的频率，并按。

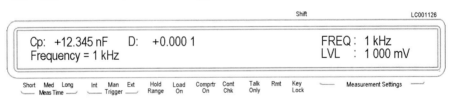

图 5.46 测试信号频率选择菜单

当电缆长度设置为 4 m 时，10 kHz 和 20 kHz（仅选项 002）测试频率不可用；当电缆长度设置为 2 m 或 4 m 时，100 kHz 测试频率不可用。

（6）设置测试信号电平

Step 1 按后，测试信号电平选择菜单会展示在面板上，如图 5.47 所示范。

Step 2 使用数字键和工程键输入所需值。例如，要将电平设置为 245 mV，可以按（或按），也可以使用或设置电平值。

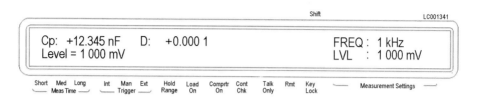

图 5.47　测试信号电平选择菜单

Step 3　按下![Enter]可设置测试信号电平。

（7）设置直流偏置源电压

Step 1　按下![blue]和![Level]，此时将显示直流偏置设置菜单，如图 5.48 所示。

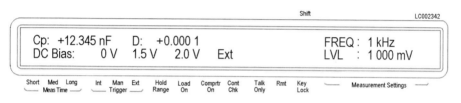

图 5.48　直流偏置设置菜单

Step 2　使用![↑]或![↓]选择所需的主要参数，然后按![Enter]。

（8）选择测量时间模式

按下![Meas Time]选择测量时间模式（Short、Med 或 Long），图标(▼)显示测量时间的设置。

（9）设置平均速率

Step 1　按下![blue][Meas Time]，进入平均速率设置界面，如图 5.49 所示。

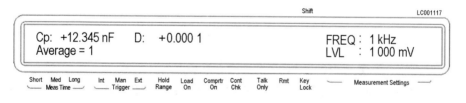

图 5.49　平均速率设置

Step 2　使用数字键输入平均速率，可以输入 1 ~ 256 之间的整数值。此外，还可以使用![↑]或![↓]增加或减少值。

Step 3　按![Enter]可设定值并退出。

（10）选择测量范围

自动范围模式（Auto Range mode）——自动选择最佳测量范围。

按 ，4263B 的量程模式从"Hold"更改为"Auto"，或从"Auto"更改为"Hold"，如图 5.50 所示。当 Hold Range 提示图标(▼)关闭时，4263B 设置为自动范围模式。

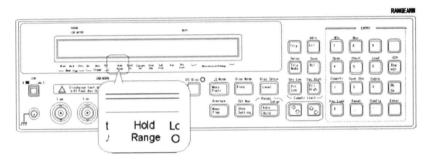

图 5.50　量程模式选择

保持范围模式（Hold Range mode）——确定选择的测量范围。

Step 1　按 blue Auto/Hold 。

Step 2　按 或 直到显示所需的范围，或者使用数字键和工程键 Eng 输入要测量的阻抗值，4263B 将选择最佳测量范围设置，如图 5.51 所示。

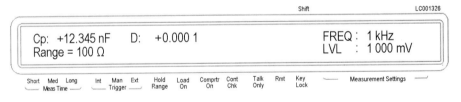

图 5.51　最佳测量范围设置

Step 3　按 Enter 可设定测量范围。

可选的范围为 0.1 Ω、1 Ω、10 Ω、100 Ω、1 kΩ、10 kΩ、100 kΩ 和 1 MΩ。

（11）选择触发模式

按下 Delay/Trig Mode 直到触发提示图标(▼)指向所需的触发模式（Int、Man 或 Ext），如图 5.52 所示。

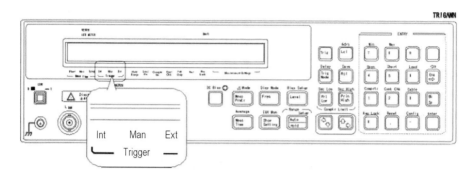

图 5.52 选择触发模式

（12）设置触发延迟时间

Step 1 按 [blue][Delay Trig Mode]，显示触发延迟设置菜单，如图 5.53 所示。

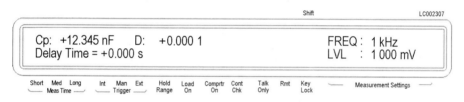

图 5.53 设置触发延迟

Step 2 使用数字键输入所需的触发延迟时间。例如，要设置 0.5 s，按 [0][.][5]，可以将触发延迟时间从 0.000 s 设置到 9.999 s，也可以使用 [◇] 或 [◇] 设置触发延迟时间。

Step 3 按 [■ Enter] 完成设定。

（13）执行开放修正——取消与 DUT 并联的杂散导纳

Step 1 确认测试夹具连接到具有 DUT 的测试对象端子。

Step 2 按 [blue][4 Open]，显示开放修正菜单，如图 5.54 所示。

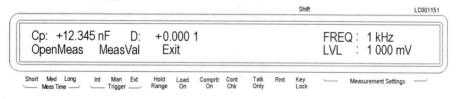

图 5.54 开放修正菜单

按 或 直到 Openmeas 闪烁，然后按，执行开放修正。在此期间，将显示图 5.55 所示消息。

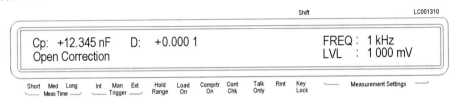

图 5.55　开放修正期间显示信息

（14）执行短期修正——消除与 DUT 串联的残余阻抗

Step 1　通过将高电极和低电极相互连接或将短路棒连接到测试夹具，以短路配置测试电极。

Step 2　按，显示短期修正菜单，如图 5.56 所示。

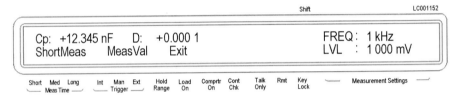

图 5.56　短期修正菜单

Step 3　按 或 直到 Shortmeas 闪烁，然后按，执行短期修正。在此期间，将显示图 5.57 所示消息。

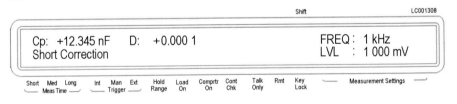

图 5.57　短期修正期间显示信息

（15）使用比较器函数

Step 1　按 设置主要参数的下限，按 设置上限。按 设置辅助参数的下限，按 设置上限。例如，按下 时会显示图 5.58 所示菜单。

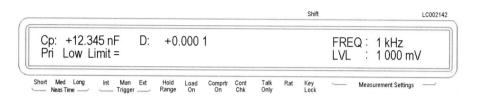

图 5.58　设置主要参数下限

Step 2　使用数字键输入值，然后按 <Enter> 完成设定。可以设置的值是
$-999.99 \times 10^{14} \sim 999.99 \times 10^{14}$。

Step 3　按 blue 和 ①，Comptr On 提示符号（▼）变为 ON 状态，并且比较器功能打开。

（16）使用接触检查功能——监测测试电极和 DUT 的连接

按 blue 和 ②，Cont Chk 提示符号（▼）将打开，如图 5.59 所示。当接触检查结果为失败时，4263B 显示 N. C.（无接触）。

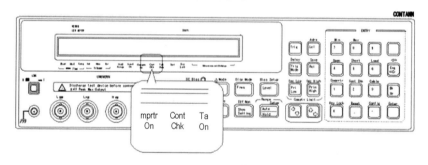

图 5.59　接触检查

（17）使用偏差测量功能——监测测试电极和 DUT 的连接

Step 1　按 blue 和 △Mode/Meas Prmt，显示偏差测量功能菜单，如图 5.60 所示。

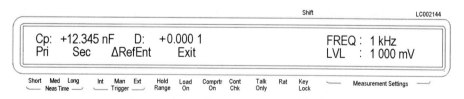

图 5.60　偏差测量功能菜单

按或直到△RefEnt 闪烁，按下[Enter]。

Step 2　输入主要参数的参考值，用数字键输入参考值，按[Enter]完成设定。

Step 3　此时界面会显示设置二级参数参考值的菜单，用数字键输入参考值，按[Enter]完成设定。

Step 4　选择 Pri 并按[Enter]可以设置主要参数的模式。

Step 5　通过选择 Sec 按下[Enter]使用与主要参数相同的方式来设置辅助参数的模式。使用或选择所需模式，然后按[Enter]。

（18）选择显示模式

按下[blue][Disp Mode Freq]，界面显示如图 5.61 所示。

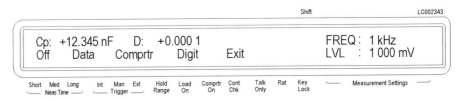

图 5.61　选择显示模式界面

按或选择 Data、Cmprtr、Digit 或 Off，然后按[Enter]。

测量显示模式（Data）显示测量数据如图 5.62 所示。

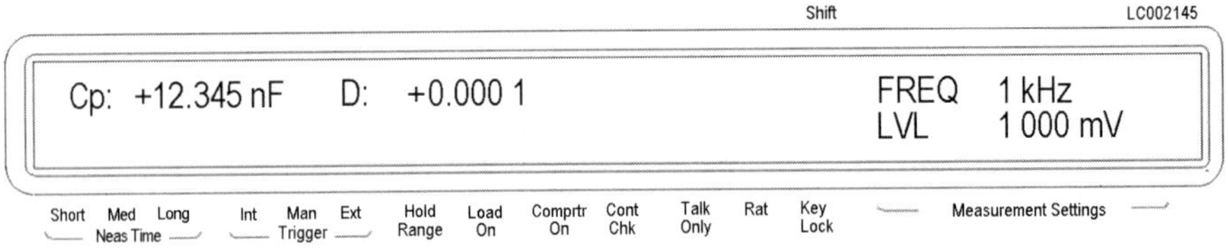

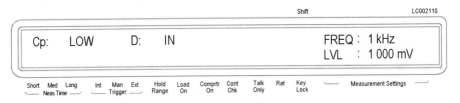

图 5.62　测量显示模式

比较显示模式（Cmprtr ）显示比较结果，如图 5.63 所示。

图 5.63　比较显示模式

选择数字（Digit）时，将显示图 5.64 所示菜单，允许设置测量值显示的位数。

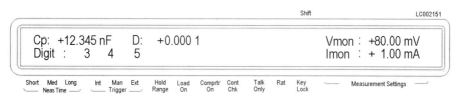

图 5.64 数字显示模式

选择关闭（Off）时，4263B 将不显示测量结果（显示关闭模式）。

（19）使用电平监视器功能

Step 1 按 blue Show Setting，显示图 5.65 所示菜单。

图 5.65 电平监视器功能菜单

Step 2. 使用 或 选择 Off、Imon、Vmon 或 Both。

选择 Imon 时，4263B 将通过 DUT 监控实际信号电流。

选择 Vmon 时，4263B 将监视 DUT 上的实际信号电压。

选择 Both 时，4263B 将监控电流和电压。

选择 Off 时，电平监视器功能关闭。

Step 3 按 Enter 完成选定，也可通过按几次 Show Setting 在 LCD 显示屏上看到电平监控值。

（20）选择 Beeper 模式

要更改比较器结果报告的蜂鸣器模式，操作步骤如下：

Step 1 按 blue Config，界面显示如图 5.66 所示。

图 5.66　模式选择界面

Step 2　使用 [⬡] 或 [⬡] 选择 Beep，然后按 [⬛Enter]，界面显示如图 5.67 所示。

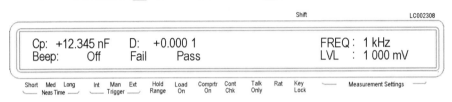

图 5.67　选择 Beeper 模式

Step 3　使用 [⬡] 或 [⬡] 选择提示音模式，然后按 [⬛Enter]。

Step 4　使用 [⬡] 或 [⬡] 选择 Exit 退出，然后按 [⬛Enter]。

5.5　NEO-M8P 接收机

1. 概述

NEO – M8P 系列是瑞士优北罗股份有限公司（u – blox AG）研发的专业级芯片，NEO – M8P（图 5.68）模块将高性能 u – blox M8 定位引擎与 u –

图 5.68　NEO – M8P 接收机芯片

blox 的实时动态（RTK）技术相结合，可提供厘米级 GNSS 性能，旨在满足无人驾驶车辆和其他需要高精度制导的机器控制应用的需求。

2. 主要技术指标

NEO－M8P 的主要技术指标见表5.16。

表 5.16　NEO－M8P 的技术指标

指标名称	指标值
支持导航系统	GPS／QZSS／GLONASS／BeiDou
支持频点	GPS L1 C/A，GLONASS L1OF，BeiDou B1I
并发 GNSS 支持	2
通道数	72
接口	1 UART、1 USB、1 SPI、1 DDC
可编程性	支持（闪存）
数据记录	支持
载波相位输出	支持
晶振类型	TCXO
导航更新率	8 Hz（RTK）；10 Hz（载波相位）
定位精度	2.5 m CEP（单机）；0.025 m ＋ 1×10^{-6} CEP（RTK）
收敛时间	＜60 s（RTK）
捕获速度	26 s（冷启动）；2 s（辅助启动）；1 s（重捕）
最低敏感信号强度	－160 dBm（跟踪和导航）；－148 dBm（冷启动）； －156 dBm（热启动）；－158 dBm（重捕）

3. 使用说明

1）使用前准备

u－blox 系列导航芯片配合上位机软件 u－center 一起使用，在确保接收机与接收天线正确连接后，使用串口连接上位机电脑，打开 u－center 软件后，可以看到如图 5.69 所示界面。

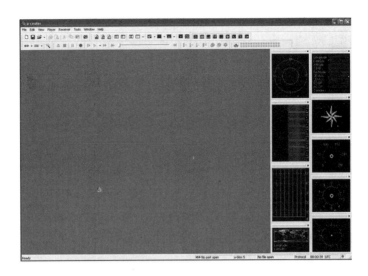

图 5.69　u – center 软件打开界面

工具栏有选择串口、波特率和自动传输等按钮，如图 5.70 所示，第一个图标是选择串口，第二个是选择波特率，第三个是自动传输按钮。

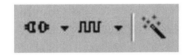

图 5.70　工具栏

先选择串口（图标变绿，表示串口连接成功），然后选择波特率，最后点自动传输，如果 GPS 有数据传输进来，界面会发生变化，如图 5.71 所示。这些功能也可以在菜单栏"receiver"中找到。

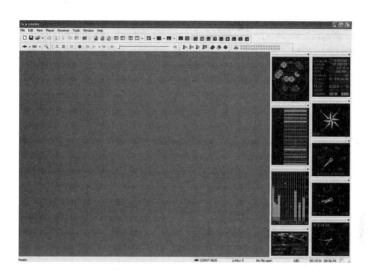

图 5.71　接收数据后界面

2）基本操作

（1）收星状态查看

收星情况有 4 种，说明如图 5.72 所示。

Color		Meaning
	Green	Satellite used in navigation
	Cyan	Satellite signal available, available for use in navigation
	Blue	Satellite signal available, not available for use in navigation
	Red	Satellite signal not available

图 5.72　4 种收星情况

绿色（Green）是卫星可用于导航；青色（Cyan）是卫星信号有效，可用于导航；蓝色（Blue）是信号有效，不可用于导航；红色（Red）是卫星信号无效。

（2）卫星详细信息查看

菜单栏中 **View →Test Console**，用于显示 GPS 收到的详细信息，如图 5.73 所示。

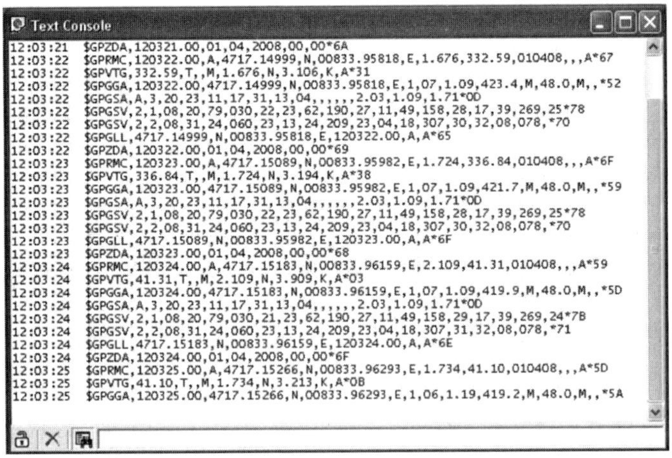

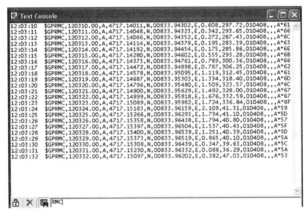

图 5.73　GPS 收到的详细信息

Test Console 界面按钮功能，如图 5.74 所示。

Element	Name	Description
🔓🔒	Lock	Prevents the Text Console from being updated with new data when locked.
✖	Clear All	Erases all data in the Text Console
🔍	Filter On/Off	Filter unwanted data from the data stream. This allows searching for certain expression, e.g. all RMC messages (Figure 16).

图 5.74　Test Console 界面按钮功能

"锁"（Lock）用于锁定界面；"叉"用于清除界面；过滤开关（Filter On/Off），可输入"RMC"，只显示 GPRMC 信息，如图 5.75 所示。

图 5.75　GPRMC 信息

（3）上报数据格式

推荐定位信息（GPRMC）

$GPRMC，<1>，<2>，<3>，<4>，<5>，<6>，<7>，<8>，<9>，<10>，<11>，<12>*hh

<1> UTC 时间，hhmmss. sss（时分秒．毫秒）格式

<2>定位状态，A = 有效定位，V = 无效定位

<3>纬度 ddmm. mmmm（度分）格式（前面的 0 也将被传输）

<4>纬度半球 N（北半球）或 S（南半球）

<5>经度 dddmm. mmmm（度分）格式（前面的 0 也将被传输）

<6>经度半球 E（东经）或 W（西经）

<7>地面速率（000. 0 ~ 999. 9 节，前面的 0 也将被传输）

<8>地面航向（000. 0 ~ 359. 9 度，以正北为参考基准，前面的 0 也将被传输）

<9> UTC 日期，ddmmyy（日月年）格式

<10>磁偏角（000. 0 ~ 180. 0 度，前面的 0 也将被传输）

<11>磁偏角方向，E（东）或 W（西）

<12>模式指示（仅 NMEA0183 3. 00 版本输出，A = 自主定位，D = 差分，E = 估算，N = 数据无效）

“*”后“hh”为“$”到“*”所有字符的异或和。

（4）观测数据查看

菜单栏中 **view →Table View**，用于显示 GPS 收到的各个单独信息，如图 5. 76 所示。

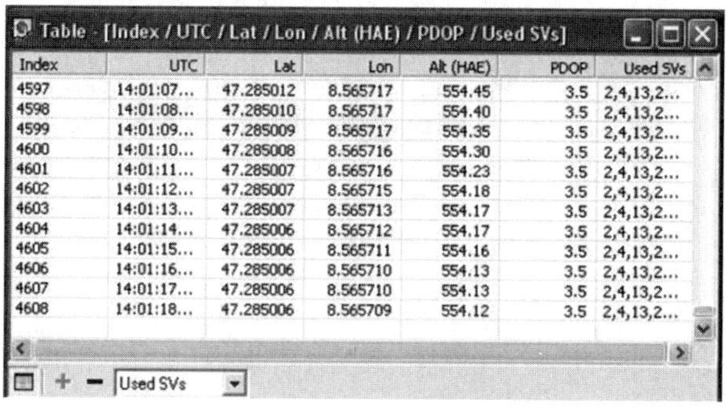

Index	UTC	Lat	Lon	Alt (HAE)	PDOP	Used SVs
4597	14:01:07...	47.285012	8.565717	554.45	3.5	2,4,13,2...
4598	14:01:08...	47.285010	8.565717	554.40	3.5	2,4,13,2...
4599	14:01:09...	47.285009	8.565717	554.35	3.5	2,4,13,2...
4600	14:01:10...	47.285008	8.565716	554.30	3.5	2,4,13,2...
4601	14:01:11...	47.285007	8.565716	554.23	3.5	2,4,13,2...
4602	14:01:12...	47.285007	8.565715	554.18	3.5	2,4,13,2...
4603	14:01:13...	47.285007	8.565713	554.17	3.5	2,4,13,2...
4604	14:01:14...	47.285006	8.565712	554.17	3.5	2,4,13,2...
4605	14:01:15...	47.285006	8.565711	554.16	3.5	2,4,13,2...
4606	14:01:16...	47.285006	8.565710	554.13	3.5	2,4,13,2...
4607	14:01:17...	47.285006	8.565710	554.13	3.5	2,4,13,2...
4608	14:01:18...	47.285006	8.565709	554.12	3.5	2,4,13,2...

图 5. 76　GPS 收到的各个单独信息

通过窗口下面的选项，再点击"＋"就可以单独显示编号、时间、经纬度等。

菜单栏中 **View →Chart View**，用于显示 GPS 收到信息的图表形式，如图 5.77 所示。

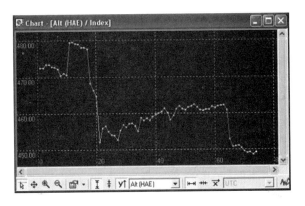

图 5.77　GPS 收到信息的图表形式

菜单栏中 **View →Histogram View**，用于显示 GPS 收到信息的直方图形式，如图 5.78 所示。

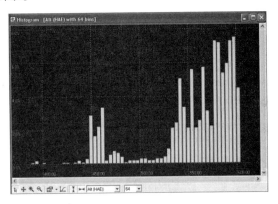

图 5.78　GPS 收到信息的直方图形式

5.6　声速测量实验系统

1. 概述

声速测量实验系统由声速测量实验平台、综合信号处理模块与计算机三部分构成，用于测量声波在水等介质中的传播速度。该实验系统模块如图5.79 所示。声速测量实验平发射换能器将综合信号处理模块输出的电信号转换成声信号发射。该信号经过水等介质传播，到达接收换能器，由接收换能器转换为电信号。通过估计收发信号传输时延测量声波在介质中的传播速度。

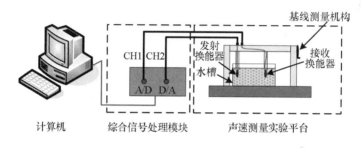

（a）声速测量实验系统框图

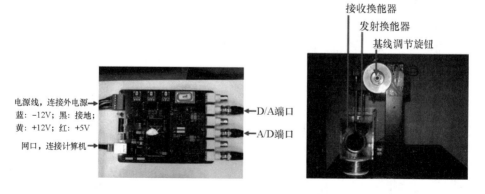

（b）综合信号处理模块　　　　　（c）声速测量实验平台

图 5.79　声速测量实验系统

2. 主要技术指标

声速测量实验系统的主要技术指标有：

（1）传输信号频率范围：970～1 030kHz。

（2）信号波形：可编程生成。

（3）基线可调范围：10～20 cm。

（4）供电电压：+12 V、-12 V、+5 V。

3. 使用说明

1）使用前准备

按图5.79（a）连接各个模块，搭建实验系统。计算机利用MATLAB等工具设计发射信号波形数据，通过上位机软件SDDS控制综合信号处理模块，进行发射信号数据的D/A转换，接收信号数据的同步A/D采样。需要注意的是，水槽中水位要没过换能器探头。

2）基本操作

（1）综合信号处理模块初始化

综合信号处理模块是集信号A/D采集、D/A转换、"信号源"等功能为一体的实验平台，必须配合上位机软件SDDS使用。

首先是模块通电。打开电源，观察综合信号处理模块工作指示灯是否亮红。若亮红，通电正常，否则请及时和实验老师进行协调。

然后是与上位机通信。为保证PC机与综合信号处理模块通信正常，将PC机的IP地址修改为10.128.15.××。将PC机与综合信号处理模块以网线连接后上电，首次使用本软件时，双击SDDS.exe，软件自动搜索本机适配器，弹出对话框中的IP地址即为本机的IP地址。

确认IP无误，单击"确定"，进入软件界面。若界面下方的提示框中显示"打开综合信号同步处理模块 成功"，则表明上位机与模块的网口通信正常；否则显示"打开综合信号同步处理模块 失败"，如图5.80所示。

（2）实验系统联调联试

可按照以下步骤，对声速测量实验系统进行联调和测试：

Step 1 利用MATLAB产生一组频率为835 kHz，长度为2 MB的余弦测试信号数据，保存为example.sigal。

Step 2 通过上位机SDDS，将测试信号数据example.sigal载入综合信号处理模块中DDR的高位地址空间（从0x4000000开始）。读取数据，并观察波形是否正确。

Step 3 如果载入数据正确，进入下一步；否则，检查原因，重新操作。

Step 4 设置基线长度，点击上位机SDDS"同步操作"按钮，"选择模

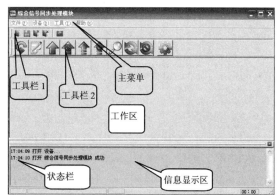

图 5.80　初始化综合信号同步处理模块

式"设置为"循环"。

Step 5　"A/D 采集长度"和"D/A 转化长度"都设置为"2 MB",然后点击确定,等待 A/D 采集成功。

Step 6　A/D 采集成功之后,从 DDR 低位地址(0x0 开始)读取 2 MB 数据,观察信号波形。如果观察到明显的余弦信号波形,说明声速测量实验系统功能正常,可以进行实验,测试完成;如果没有观察到明显的余弦信号波形,检查各组成连接是否正常,重新操作。

(3)发射信号波形设计

利用 MATLAB 等工具设计发射信号数据,然后利用 SDDS 控制综合信号处理模块输出发射信号。信号数据产生程序参考如下:

```
%%程序说明:
%    1.用于产生《超声测速实验》的发射信号数据
%    2.产生的发射信号数据适用于基线长度 10、12、14、16、18cm
clc;
clear;
close all;
d1 = 0.10;        d5 = 0.18;        %基线长度最大值、最小值
ca = 1400;        cb = 1600;        %声速最大值、最小值
fs = 10e6;        ts = 1/fs;        %采样频率 10MHz 采样时间间隔
f1 = 840 * 1000;  f2 = 850 * 1000;  %双频频率 840kHz,850kHz
```

（续）

```
%%
tb = 3 * d5/cb;                    % 发射信号连续时间集 [0, tb]
n = 0: 1: round (tb * fs);         % 发射信号离散时间集 {0, 1, …, round (tb
* fs)}
a1 = 5；a2 = 5;                    % 发射信号幅度 a1 = 5V；a2 = 5V
st = a1 * cos (2 * pi * f1 * n * ts) + a2 * cos (2 * pi * f2 * n * ts);
% 发射信号数据
lth = length (st);                 % 发射信号数据长度
ST = zeros (1, 1024 * 1024);% 因为综合信号处理模块 DA 数据长度要求,
将发射信号数据补零扩展长度为1M 个
ST (1, 1: lth) = st;               % 补零, 扩展长度后的发射信号数据
plot (ST (1, 1: lth));             % 观察发射信号波形
pause (3);                         % 延迟 3 s 时间, 足够时间观察

%% 将 ST 的幅度进行量化, 并转化为 16bit 的纯数据文件 transmit. sinal, 以
便加载到综合信号处理模块的 DDR 存储中
transmit_signal = (2^12 - 1) * (ST + 10) /20;
plot (transmit_signal (1, 1: lth));     % 观察量化后的发射信号波形
    pause (3);                     % 延迟 3 s 时间, 足够时间观察
    transmit = transmit_signal';% 将量化后的数据保存为文件 transmit_ sinal
    fid = fopen (transmit, 'w');
    fwrite (fid, transmit_signal, 'int16');
    fclose (fid);
```

（4）发射信号输出

Step 1 打开上位机软件 SDDS, 点击 DDR 存储控制按钮，打开对话框（起始地址都改为 0x4000000）。在写存储器一栏加载预先用 MATLAB 生成的信号数据文件"transmit_signal", 并设置加载起始地址为 0x4000000（对应的 DA 输出接口是 OUT1）；点击写入, 完成信号数据的加载, 如图 5.81 所示。

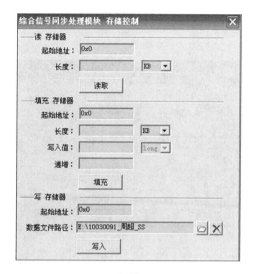

图 5.81　加载信号数据

Step 2　加载数据校验。在对话框中的读存储器一栏，设置读取存储器的起始地址为 0x4000000，数据长度设为 2 MB，如图 5.82 所示。

图 5.82　读存储器设置

点击读取，即可读得前面加载的信号数据，并绘制波形，如图 5.83 所示。

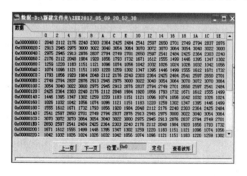

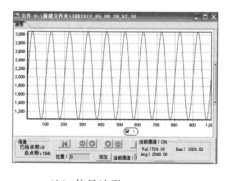

（a）信号数据　　　　　　　　　　（b）信号波形

图 5.83　读取数据及绘制的波形

Step 3 启动 D/A 转换。点击 D/A 转换开始按钮，弹出如图 5.84 所示对话框。

图 5.84 D/A 转换对话框

设定转换长度为 2 MB，选择循环模式，点击"确定"启动 D/A 转换。

第6章 实验仿真软件

6.1 MATLAB

1. MATLAB 软件概述

MATLAB 是矩阵实验室（Matrix Laboratory）的简称，是美国 MathWorks 公司于 1982 年推出的一套高性能数值计算和可视化软件。其集数值分析、矩阵运算、信号处理和图形显示于一体，构成了一个方便、界面良好的用户环境。MATLAB 包含了工具箱（Toolbox）的各类问题的求解工具，可用来求解特定学科的问题。

MATLAB 主要面对科学计算、可视化以及交互式程序设计的高科技计算环境，其将数值分析、矩阵计算、科学数据可视化以及非线性动态系统的建模和仿真等诸多强大功能集成在一个易于使用的视窗环境中，为科学研究、工程设计以及必须进行有效数值计算的众多科学领域提供了一种全面的解决方案，并在很大程度上摆脱了传统非交互式程序设计语言（如 C、FROTRAN）的编辑模式，代表了当今国际科学计算软件的先进水平。

MATLAB 和 Mathematica、Maple 并称为三大数学软件，其在数学类科技应用软件中的数值计算方面首屈一指。MATLAB 可以进行矩阵运算、绘制函数和数据、实现算法、创建用户界面、连接其他编程语言的程序等，主要应用于工程计算、控制设计、信号处理与通信、图像处理、信号检测、金融建模设计与分析等领域。

MATLAB 的基本数据单位是矩阵。它的指令表达式与数学、工程中常用的形式十分相似，故用 MATLAB 来解算问题要比用 C、FORTRAN 等语言完成相同的事情简捷得多。并且 MATLAB 也吸收了 Maple 等软件的优点，从而成为一款强大的数学软件。在新的版本中也加入了对 C、FORTRAN、C＋＋、

JAVA 的支持，可以直接调用，用户也可以将自己编写的实用程序导入 MATLAB 函数库中方便以后调用，此外许多的 MATLAB 爱好者都编写了一些经典的程序，用户可以直接进行下载使用。

MATLAB 主要有以下特点：

1）可扩展性。MATLAB 最重要的特点是易于扩展，这也是它受欢迎的原因之一。它允许用户自行建立指定功能的 M 文件。对于一个从事特定领域的工程师来说，不仅可利用 MATLAB 所提供的函数及基本工具箱函数，还可方便地构造出专用的函数，从而大大扩展了其应用范围。当前支持 MATLAB 的商用 Toolbox 有数百种之多，而由个人开发的 Toolbox 则不可计数。

2）易学易用性。MATLAB 语句书写简单，不需要用户有高深的数学知识和程序设计能力，不需要用户深刻了解算法及编程技巧。

3）高效性。MATLAB 以复数矩阵作为基本的编程单元，语句功能十分强大，一条简单语句可完成复杂的任务。如 ft 语句可完成对指定数据的快速傅里叶变换，这相当于上百条 C 语言语句的功能。它大大加快了工程技术人员从事软件开发的效率。据 MathWorks 公司声称，MATLAB 软件中所包含的 MATLAB 源代码相当于 70 万行 C 代码。

MATLAB 由开发环境、数学函数库，文件 I/O、图形三维可视化、编程与数据类型、创建图形用户界面和外部接口等几个主要部分组成，其计算功能强、人机界面好、编程效率高、可扩展性强、绘图功能强。它的集成环境包括：命令窗口（Command Window）、起始面板（Launch Pad）、工作空间（Work Space）、命令历史（Command History）、当前目录（Current Directory）。它的运

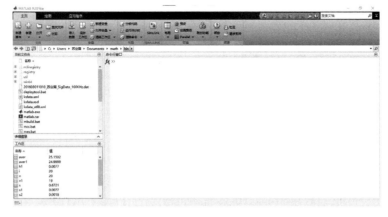

图 6.1　MATLAB 界面

行方式分为命令行方式和 M 文件方式。图 6.1 为 MATLAB 界面。

2. MATLAB 在测量误差数据处理中的应用

在技术测量中，按照特点与性质，误差可分为系统误差、粗大误差和随机误差。在假定不含有系统误差的情况下，可借助 MATLAB 对测量数据进行处理，处理过程快速、结果可靠。对测量数据的处理过程如下：

1）按测量的先后顺序记录下个测量值 X_i；

2）计算算术平均值 $\bar{x}$；

3）计算残余误差 h；

4）校核算术平均值及残余误差 V_i；

5）判断是否有粗大误差，若有，剔除；

6）计算单次测量的标准差；

7）计算算术平均值的标准差：

8）计算算术平均值的极限误差；

9）列出测量结果。

误差处理时常用的 MATLAB 函数见表 6.1。

表 6.1　误差处理时常用的 MATLAB 函数

序号	函数名	调用格式	作用
1	abs	$B = abs（a）$	求绝对值
2	sqrt	$B = sqrt（a）$	对向量中的值依次开平方
3	mean	$b = mean（a）$	求平均值
4	std	$b = std（a）$	求标准差
5	cov	$a = cov（x，y）$	求协方差
6	normrnd	$W = normrnd（\mu，\delta，m，n）$	生成正态分布的向量
7	normstat	$[E，D] =（mu，sigma）$	计算正态分布的期望与方差
8	normfit	$[muhat，sigmut，muci，sigmaci] = normfit（X，Alpha）$	已知数据符合正态分布，对参数进行点估计和区间估计

其算法流程图如图 6.2。

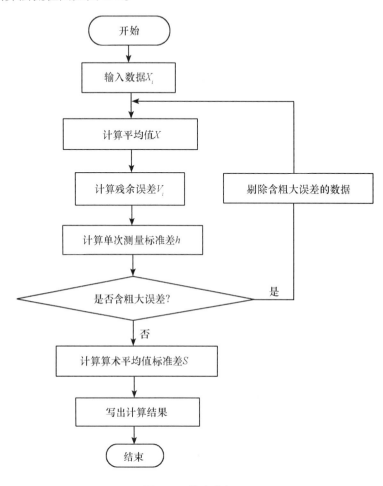

图 6.2 算法流程图

例 6.1 现对某被测量进行 20 次测量，得到测量序列 x，其中第 1 个数为粗大误差，需运用莱以特准则将其剔除，再对数据进行分析计算，具体程序如下：

```
close all
clear
clc
x = [28.0057 24.9974 24.9962 24.9970 24.9852 24.9977 25.0012 25.0031
25.0144 24.9965 25.0062 25.0080 25.0094 24.9901 25.0021 25.0024 24.9899
```

```
24. 9926 25. 0108 24. 9987];    ％ 含有粗大误差的测量值序列
aver = mean （x）；        ％ 求该序列的平均值
v = x - aver；          ％ 测量值的残差
s = std （x）；          ％ 测量值的标准差
n = length （x）；        ％ 剔除粗大误差
for i = 1： n
if （abs （ （x （i） - aver）） - 3 * s） > 0
    fprintf （´\ n´）
    fprintf （剔除粗大误差后数据´， x （i））
    x （i）  = 0；
else
continue
end
end
x1 = x （x ~ = 0）        ％剔除粗大误差的新测量值序列
n1 = length （x1）；
aver1 = mean （x1）；      ％新序列的平均值
h1 = std （x1）；
aver1              ％ 测量值的最佳近似值
s1 = h1            ％剔除粗大误差后测量值的标准差
s2 = h1/sqrt （n1）       ％ 算术平均值的标准差
运行结果：
剔除粗大误差后数据
x1 =
  1 至 14 列
  24. 9974    24. 9962    24. 9970    24. 9852    24. 9977    25. 0012    25. 0031
   25. 0144    24. 9965    25. 0062    25. 0080    25. 0094    24. 9901    25. 0021
  15 至 19 列
   25. 0024    24. 9899    24. 9926    25. 0108    24. 9987
aver1  = 24. 9999
s1  = 0. 0077
s2  = 0. 0018
```

由结果可知，通过上述方法处理测量数据可剔除粗大误差，极大减小测量结果的标准差，且处理过程快速、结果可靠。

3. MATLAB 在 MCM 中的应用

在具备一定编程基础的情况下，可以利用 MATLAB 来实现蒙特卡洛法评定测量不确定度，其所获结果更可靠，特别是蒙特卡洛试验次数比较大时，MATLAB 的结果更稳定可靠。

MATLAB 生成随机数的一些命令：

常用的方法是用 random 语句，其一般形式为

$$y = \text{random}（\text{name}，A_1，A_2，A_3，m，n）\qquad (6.1)$$

表示生成 m 行 n 列的 $m \times n$ 个参数为（A_1，A_2，A_3）、名称为 name 的分布随机数。

例如：

$R = \text{random}$（´Normal´，0，1，2，4），表示生成期望为 0、标准差为 1 的（2 行 4 列）2×4 个正态随机数。

$R = \text{random}$（´Unif´，－1，1，1，6），表示生成 1 行 6 列的 ［－1，1］ 矩形分布的随机数。

random 语句中可接受的分布名称见表 6.2。

表 6.2　语句中可接受的分布名称

分布名称	分布	分布参数 A_2	分布参数 A_2
´exp´ 或´Exponential´	指数分布	μ：均值	—
´gam´ 或´Gamma´	Gamma 分布	$q+1$：q 为计数的个数	b：1
´nor´ 或´Normal´	高斯分布	μ：期望	σ：标准偏差
´t´ 或´T´	t 分布	v：自由度	—
´unif´ 或´Uniform´	矩形分布	a：下限（最小值）	b：上限（最大值）

常用输入量分布的产生随机数的命令语句分别如下：

1）高斯分布

$r = \text{random}$（´Normal´，μ，σ，1，M）或 $r = \text{random}$（´norm´，μ，σ，1，M），生成期望为 μ、标准差为 σ 的（1 行 M 列）$1 \times M$ 个高斯随机数。

2）多元高斯分布

$r = \text{mvnrnd}$（MU，SIGMA，cases），从均值为 MU（$1 \times N$ 维），正定不确

定度矩阵为 SIGMA（$N \times N$ 维）的正态分布中随机抽取 cases 个样本，返回 $cases \times N$ 的矩阵 r。

3）矩形分布

①$r = \text{rand}$（1，M），生成 1 行 M 列的 [0，1] 矩形分布的随机数。

②$r = \text{unifrmd}$（a，b，1，M）或 $r = \text{random}$（´unif´，a，b，1，M）或 $r = \text{random}$（´Uniform´，a，b，1，M），生成 1 行 M 列的 [a，b] 矩形分布的随机数。

4）界限未准确给定的矩形分布（曲线梯形）

ak ＝（$a - d$）＋2 $*$ d $*$ rand（1，M）；

bk ＝（$a + b$）－ ak；

r ＝ ak ＋（bk － ak）$*$ rand（1，M）；

生成 1 行 M 列的下限在 [$a - d$，$a + d$]，上限在 [$b - d$，$b + d$] 的界限未准确给定的矩形分布的随机数，即曲线梯形的随机数。

5）梯形分布

$r = a + (b - a)/2 * ((1 + \text{beta}) * \text{rand}(1, M) + (1 - \text{beta}) * \text{rand}(1, M))$

生成 1 行 M 列的下底在 [a，b]，上底的长度为下底的长度的 beta 倍的梯形分布的随机数。

6）三角分布

$r = a + (b - a)/2 * (\text{rand}(1, M) + \text{rand}(1, M))$

生成 1 行 M 列的 [a，b] 上的三角分布的随机数。

7）反正弦分布

$r = (a + b)/2 + ((b - a)/2) * \sin(2 * \text{pi} * \text{rand}(1, M))$

生成 1 行 M 列的 [a，b] 上的反正弦分布的随机数。

8）t 分布

$r = x + u * \text{random}$（´$t$´，$v$，1，$M$）

生成 1 行 M 列的最佳估计值为 x 和其标准偏差为 u 以及自由度为 v 的 t 分布 t_v（x，u）的随机数。

例 6.2　设加法模型为 $Y = X_1 + X_2$，其中，X_1 设定为一个矩形 PDF，端点分别为 a_i 和 b_i，且 $a_i < b_i$，$i = 1$，2，Y 为对称梯形分布，见图 6.3，其 PDF 为

$$g_Y(\eta) = \frac{1}{\lambda_1 + \lambda_2} \min\left(\frac{1}{\lambda_2 - \lambda_1} \max(\lambda_2 - |\eta - \mu|, 0), 1\right) \tag{6.2}$$

其中，$\mu = (a_1 + a_2 + b_1 + b_2)/2$，$\lambda_1 = |a_2 - a_1 + b_1 - b_2|/2$，$\lambda_2 = |b_1 + b_2 - a_1 - a_2|/2$。

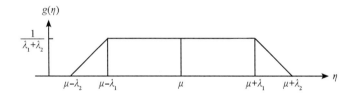

图6.3 $Y = X_1 + X_2$ 的（梯形）PDF（其中，X_i 的 PDF 为矩形，$i = 1$，2）

进行 $M = 10^6$ 次实验。在这个例子中，为了表明所取得结果的分散性，重复了4次。对 X_i 设定 $[a_i, b_i]$ 上的矩形分布，对 X_2 设定 $[a_2, b_2]$ 上的矩形分布，然后对 X_1 和 X_2 分别进行抽样。

MCM 实施程序：

```
a1 = 0;
b1 = 1;
a2 = 0;
b2 = 10;
p = 0.95;
M = 1000000;
x1 = random（'unif'，a1，b1，1，M）;
x2 = random（'unif'，a2，b2，1，M）;
y = x1 + x2;
y = sort（y）;
y_ mean = mean（y）;
y_ std = std（y）;
q = round（p * M）;
r = round（（M - q）/2）;
y_ 1ow = y（r）;
y_ high = y（r + q）;
lower = min（y）;
upper = max（y）;
xc = lower：（upper - lower）/99：upper;
n = hist（y，xc）;
bar（xc，n. /（（（upper - lower）/99）* p * M），1）;
```

执行结果：

第1次：y_mean = 5.50，y_std = 2.90，y_low = 0.71，y_high = 10.30。

第2次：y_mean = 5.50，y_std = 2.90，y_low = 0.71，y_high = 10.30。

第3次：y_mean = 5.50，y_std = 2.90，y_low = 0.71，y_high = 10.29。

第4次：y_mean = 5.50，y_std = 2.90，y_low = 0.71，y_high = 10.30。

得到的结果如表6.3所示。使用蒙特卡洛法得到的PDF如图6.4所示。

表6.3　4次运行的蒙特卡洛法获得的加法模型的结果

y	$u(y)$	95%包含区间端点	
5.50	2.90	0.71	10.30
5.50	2.90	0.71	10.30
5.50	2.90	0.71	10.29
5.50	2.90	0.71	10.30

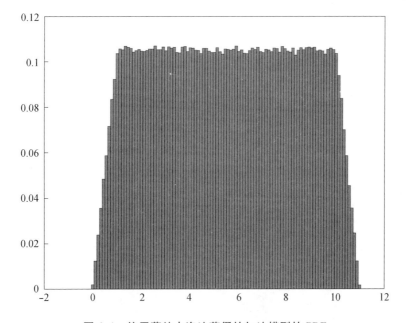

图6.4　使用蒙特卡洛法获得的加法模型的PDF

在这个例子中，对输出量的不确定度的贡献主要来自输入量 X_2，因此输出量的分布可假设为矩形分布。矩形分布下，95%包含概率对应的包含因子为 $k_p = 1.65$，由此得到输出量的95%包含区间为 5.50 ± （1.65 × 2.90），即 [0.72，10.29]，这与MCM一致。

6.2　LabVIEW

1. LabVIEW 软件概述

LabVIEW 是一种图形程序设计语言，采用了工程人员所熟悉的术语、图标等图形符号来代替常规基于文字的程序语言，摒弃了晦涩难懂的文本代码。与传统的编程语言相比，可以大大节省程序开发时间。使用传统的程序语言开发系统，开发者不但要担心程序流程方面的问题，还必须考虑用户界面、数据同步、数据表达等复杂的问题。而在 LabVIEW 中，一旦程序开发完成，用户就可以通过前面板控制并观察测试过程。LabVIEW 给出了多种调试方法，从而将系统的开发与运行环境有机统一起来。LabVIEW 还提供了调用库函数及代码接口结点等功能，方便用户直接调用其他语言编制成的可执行程序，使得 LabVIEW 编程环境具有一定的开放性。目前，LabVIEW 的应用范围已经覆盖了工业自动化、测试测量、嵌入式应用、运动控制、图像处理、计算机仿真、FPGA 等众多领域。以 LabVIEW 为核心，采用不同的专用工具包、统一的图形编程方式，可以实现不同技术领域的需求。

2. LabVIEW 在测量误差数据处理中的应用

将 LabVIEW 软件应用于剔除含有粗大误差的数据。如图 6.5 所示为剔除粗大误差数据的程序框图。其中，等精度测量结果可使用数组进行存储，经过循环结构的处理，最后得到不含有粗大误差的测量结果。在程序中，计算均值和标准差估值可以在数值函数选板上选择相应模块，例如数组元素求和、

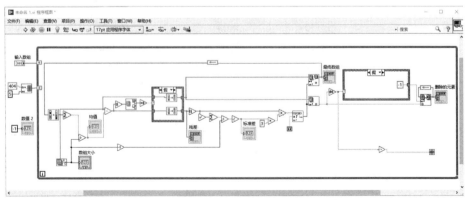

图 6.5　剔除粗大误差数据的程序框图

平方等。为了调试更直观，程序中还将均值和标准差估值显示出来。程序中使用的是莱特准则判别法，即 3σ 法。判别后输出的数组为布尔型数组，查找数组中的元素为 Ture 的索引号，则该索引号对应原测量值数组的数值含有粗大误差。利用删除数组的函数将含有粗大误差的测量值剔除，可以得到更新的测量值数组。由于更新的数组还需要再次检验，直到没有测量值含有粗大误差。当数据不含粗大误差时，结束循环，并显示更新后的测量值和剔除的元素。

以《误差理论与数据处理》教材中表 2 – 11 的数据为例，所用数据如表 6.4 所示。经计算，可得均值为 20.404，标准差为 0.033，判断后含有粗大误差的数据是第八个数据 20.30，剩下的数据不含有粗大误差。对于 LabVIEW 程序，先输入测量值，运行结果如图 6.6 所示。从图中可以看到，含有粗大误差的数据也是 20.30，与理论分析结果吻合，同时也可以较为直观地看出含有粗大误差的测量值。

表 6.4　数据列表

序号	1	2	3	4	5	6	7	8
数据	20.42	20.43	20.40	20.43	20.42	20.41	20.39	20.30

序号	9	10	11	12	13	14	15	
数据	20.40	20.43	20.42	20.41	20.39	20.39	20.40	

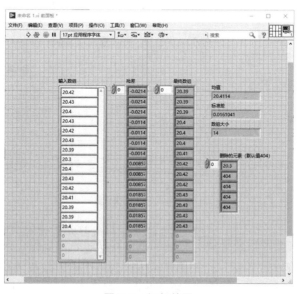

图 6.6　运行结果

在测量某一量时，需要判断测量结果的正确性，按照公式反复剔除粗大误差，在这一过程中按计算器是十分烦琐的。通过对 LabVIEW 软件的编程，可以看出使用该软件仿真，能够完成复杂、重复的公式计算，可以使重复性测量数据处理过程更为直观。

3. LabVIEW 在 MCM 中的应用

例 6.3 自适应 MCM 评定测量不确定度软件设计。

1）软件总体设计

自适应 MCM 评定测量不确定度软件设计结构如图 6.7 所示。

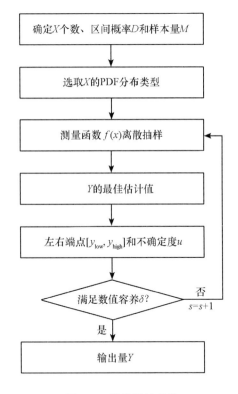

图 6.7 软件设计结构

依据上述软件设计流程，自适应 MCM 软件总体分为五个模块：基本参数设置模块、输入量 X 设置模块、测量函数设置模块、输出量 Y 和自适应模块。

（1）确定输入量 X 个数，本软件最大支持 8 个不确定度分量。

选取包含概率 p，在规定数值容差 δ 下，取样本量 M 的最小量。

$$M_{\min} = \frac{1}{1-p} \times 10^4 \tag{6.3}$$

M 在第一次循环选取 MCM 最低要求量，以便软件后续采用自适应判断输出量 Y 标准差稳定性，增加循环次数来提高 M。

（2）根据（1）设置的 X 个数，调用对应 X 个数的子 VI。设置不确定度分量的 PDF，本软件支持正态、均匀、t、三角、F、卡方、柯西和拉普拉斯 8 种分布类型。

（3）建立 Y 和 X 的测量函数

$$y = f(x_1, x_2, \cdots, x_N) \tag{6.4}$$

针对单个软件只支持单个测量模型的情况，本软件调用公式解析字符串 VI，自定义函数表达式使软件适用于线性和非线性、对称和非对称 PDF 的模型计算。

（4）定义变量 s 为 LabVIEW 循环次数，以算术平均值的标准差作为测量结果，因此 Y 的平均值为：

$$y^{(s)} = \frac{1}{M} \sum_{r=1}^{M} y_r \qquad \bar{y} = \frac{1}{s} \sum_{i=1}^{s} y^{(i)} \tag{6.5}$$

式中，$y^{(s)}$ 为第 s 次循环平均值；$\bar{y}$ 为多次循环测量的算术平均值。

在多次循环测量中，Y 的不确定度取多次循环测量的平均值。

$$u(y^{(s)}) = s(y^{(s)}) = \sqrt{\frac{\sum_{i=1}^{s} (y_r - y)^2}{s-1}}$$

$$\bar{u}(y) = \frac{1}{s} \sum_{i=1}^{s} (u(y^{(s)})) \tag{6.6}$$

式中，$u(y^{(s)})$ 为第 s 次循环不确定度；$\bar{u}(y)$ 为多次循环测量的不确定度。

确定包含区间左右端点 $[y_{\text{low}}, y_{\text{high}}]$。定义 q 和 i 为向下取整方式：

$$q = [pM + 1/2] \tag{6.7}$$

$$i = [(M-q)/2 + 1/2] \tag{6.8}$$

如此定义可兼顾 pM 和（$M-q$）$/2$ 为整数和非整数两种情况，以提高编程的效率，此时 $y_{\text{low}} = y_{(i)}$，$y_{\text{high}} = y_{(i+q)}$。当 Y 的 PDF 不对称时，重新定义 $i*$ 使得其左右端点差 $y_{(i*+q)} - y_{(i*)} \leqslant y_{(i+q)} - y_{(i*)}$。其中，$i = 1, 2, \cdots, M-q$，可得最短包含区间 $[y_{(i*)}, y_{(i*+q)}]$。

（5）自适应增加循环测量试验次数。多数不确定软件只是满足 M 的最低要求，而忽视了测量结果是否满足统计意义的稳定。本软件引入数值容差 δ，由式（6.6）计算得到不确定度 $u(y)$ 表示为 $c \times 10^l$。其中，c 是 n 位十进制数，l 是整数，n 是 $u(y)$ 有效位数，一般为 1 或 2。则 δ 表示为：

$$\delta = \frac{1}{2} 10^l \tag{6.9}$$

Y 最佳估计值的算术平均标准差为：

$$s(\overline{y}) = \sqrt{\frac{\sum\limits_{i=1}^{s}(y^{(i)} - \overline{y})^2}{s(s-1)}} \tag{6.10}$$

以同样方式分别计算平均 $\overline{u}(y)$ 的标准差 $s(\overline{u}(y))$，左右端点的标准偏差 $s(y_{\text{low}})$ 和 $s(y_{\text{high}})$。当 $s(\overline{y})$、$s(\overline{u}(y))$、$s(y_{\text{low}})$ 和 $s(y_{\text{high}})$ 的 2 倍都小于数值容差时，认定结果稳定，即在 $s \times M$ 次离散抽样中，四个标准偏差中任一个大于 δ，重复步骤（4），增加 1 次循环，直到满足 δ 大于任一标准偏差。最后得到 Y 的最佳估计值、标准不确定度以及包含区间。

2）LabVIEW 软件编程

首先，以 LabVIEW 图形化语言作为本软件开发环境，具有友好的交互界面；其次，LabVIEW 在循环运算中具有快速的运算能力；最后，LabVIEW 的图形化编程方式，使研究人员无须过多考虑变量定义和子程序调用的编程，更好地把重点放在软件的数据流和算法程序上。

依据上述软件设计流程，分别介绍软件主程序和子程序模块。

（1）主程序模块

软件主界面包括 X 的个数选取，包含概率 p（95%、99%）选取，由 p 计算得到初始 M，s 用于记录循环次数，输出 Y 的最佳估计值、标准不确定度、包含区间及其 PDF 的直方图。主程序如图 6.8 所示。

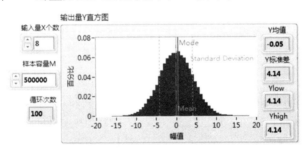

图 6.8　主程序框图

（2）输入量 *X* 模块

输入量的不确定度分量支持 8 种 PDF 分布类型。将 8 种 PDF 封装为 8 个输入量子 VI，通过设置输入量个数，调用对应的子 VI。输入量 VI 的封装程序如图 6.9 所示。

图 6.9　输入量 VI 图

确定好各输入量的分布函数后，由 LabVIEW 概率函数中"连续生成伪随机数 VI"产生 *M* 个离散采样值。封装的 PDF 函数程序如图 6.10 所示。

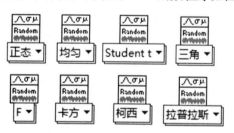

图 6.10　输入量 PDF 函数图

（3）测量模型模块

确定 *X* 及其 PDF 的离散采样后，需要建立起 *Y* 和 *X* 的测量模型 $f(x)$。测量模型的特征参量与实际问题一致，将输入量 PDF 传递到输出量 PDF。本软件实现输入模型数学公式的自定义，测量模型的数学公式程序如图 6.11 所示。

图 6.11　测量模型公式

由图 6.11 可知，自定义输入量的字符串变量及数学公式，先由"解析公式节点"函数，将 X、Y 字符串变量转换为浮点型变量；再由"解析公式字符串"函数，将解析后的离散抽样 X 通过数学公式计算得到 Y 的离散抽样值。

（4）自适应模块

Y 的离散抽样按递增次序排列，存入数组控件。在多次重复循环测量中，抽样值采用"连接"方式存入上一数组而不覆盖原来的数据。

通过 s 次循环运算，分别计算 Y 的最佳估计、标准差、左右端点的标准差。本软件引入自适应增加试验次数，如果测量结果算术平均值的标准差的 2 倍小于 δ，则认定该输出量结果稳定。即在 $s \times M$ 次离散抽样中，当 $\delta < 2s$ $(\bar{y})$ 时，增加 1 次循环抽详次数，直到满足 $\delta \geq 2s(\bar{y})$，记录此时的测量结果。自适应过程如图 6.12 所示。

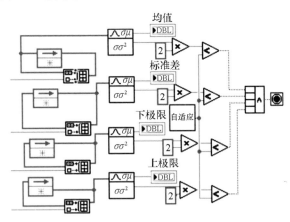

图 6.12　自适应过程

3）实例验证

以 JJF1059.2—2012《用蒙特卡洛法评定测量不确定度》规范中的实例来验证软件的有效性。

（1）质量校准

砝码质量校准的测量模型如下：

$$\delta m(m_{RC} + \delta m_{RC})\left[1 + (\rho_a - \rho_{a0})\left(\frac{1}{\rho_w} - \frac{1}{\rho_R}\right)\right] \qquad (6.11)$$

式中，ρ_{a0} 为 $1.2\,\mathrm{kg \cdot m^{-3}}$，$m_{nom}$ 为标尺质量 $100\,\mathrm{g}$。砝码 R 折算质量 m_{RC}、配重小砝码质量 δm_{RC}、空气密度 ρ_a、砝码 W 质量密度 ρ_w 和砝码 R 质量密度 ρ_R 分别为由模型函数确定质量校准的输入量。

根据模型的不确定度分量，设定砝码质量校准模型的 PDF，如表 6.5。

表 6.5　质量校准模型的 PDF

X_i	分布	参数			
		期望/mg	标准偏差	期望/ $(\mathrm{kg \cdot m^{-3}})$	半宽度/ $(\mathrm{kg \cdot m^{-3}})$
m_{RC}	$N(\mu, \sigma^2)$	100 000.000	0.050	—	—
δm_{RC}	$N(\mu, \sigma^2)$	1.234	0.020	—	—
ρ_a	$R(a, b)$	—	—	1.20	0.10
ρ_w	$R(a, b)$	—	—	8×10^3	1×10^3
ρ_R	$R(a, b)$	—	—	8.00×10^3	0.05×10^3
m_{RC}	$N(\mu, \sigma^2)$	100 000.000	0.050	—	—

砝码质量校准有 5 个不确定度分量，选取区间概率为 95%，则第一次循环默认 M 为 20×10^4 次，软件自动计算 Y，直到满足自适应数值容差的要求。

经过 3 次循环自适应运算，总抽样数为 60×10^4，得到数值容差 δ 和 Y 的 4 个输出量的 2 倍标准差如表 6.6。

表 6.6　数值容差与 2 倍标准差

数值容差	最佳估计	标准偏差	左端点	右端点
0.005	0.000 05	0.000 09	0.000 26	0.000 42

满足自适应 δ 的要求，计算结果满足统计意义的稳定。将软件计算结果与 GUM 结果进行比较，对比数据如表 6.7。

表 6.7　质量校准模型计算结果比较

方法	最佳估计/mg	测量不确定度/mg	包含区间（95%）	左端点/mg	右端点/mg
GUM 一阶	1.234 0	0.053 9	[1.128 5, 1.339 5]	0.045 1	0.043 0
GUM 高阶	1.234 0	0.075 0	[1.087 0, 1.381 0]	0.003 6	0.001 5
MCM	1.234 0	0.075 4	[1.084 6, 1.383 3]	—	—

（2）量块校准

量块校准的测量模型如下：

$$\delta L = L_s + D + d - L_s \left[\delta a(\theta_0 + \Delta) + a_s \delta\theta \right] - L_{nom} \tag{6.12}$$

式中，L_{nom} 为标称长度 50 mm。L_s、D、d、δa、θ_0、Δ、a_s、$\delta\theta$ 为由模型函数确定量块校准的输入量。

根据模型的不确定度分量，设定模型 X 的 PDF，如表6.8。

表 6.8　量块校准模型的 PDF

X_i	分布	参数			
		期望/mg	标准偏差	a	b
L_s/nm	$N(\mu, \sigma^2)$	50 000 623	25	—	—
D/nm	$N(\mu, \sigma^2)$	215	6	—	—
d/nm	$N(\mu, \sigma^2)$	0	0.1	—	—
δa/℃$^{-1}$	$U(a, b)$	—	—	-1.0×10^{-6}	1.0×10^{-6}
θ_0/℃	$N(\mu, \sigma^2)$	-0.1	0.2	—	—
Δ/℃	$U(a, b)$	—	—	-0.5	0.5
a_s/℃$^{-1}$	$R(a, b)$	—	—	9.5×10^{-6}	13.5×10^{-6}
$\delta\theta$/℃	$U(a, b)$	—	—	-0.050	0.050

量块校准有 8 个不确定度分量，选取区间概率为 99%，经过自适应运算，总抽样数为 10^6，得到 Y 的计算结果，并与 GUM 结果进行比较，对比数据如表6.9。

表 6.9　量块校准模型计算结果比较

方法	$\overline{\delta L}$/nm	$u_{\delta L}$/nm	包含区间（99%）
GUM	838	32	[745，931]
MCM	837.9	32	[755，920]

质量校准、量块校准计算结果表明：MCM 软件与规范中 GUM 获得的结果具有较好一致性，但是在非线性模型中，MCM 软件与一阶 GUM 的不确定度存在显著不同。由于非线性模型难于求偏导，对于一阶 GUM 来说，不确定度结果偏小，显然计算结果被高估了。只有在高阶 GUM 下两者的结果才基本一致。基于 LabVIEW 软件编写的自适应 MCM 软件计算得到的结果与规范中高阶 GUM 所提供的结果基本一致，验证了软件的有效性。

6.3　BDSim

1. BDSim 软件概述

BDSim 是国内首款全球卫星导航系统仿真软件工具，它可以同时支持完成全球多个卫星导航系统空间段、环境段、地面控制段和用户段的仿真以及数据分析，如 BDS、GPS、GLONASS、GALILEO 等，并重点支持 BDS 的仿真及数据分析。BDSim 分为基础版、专业版和定制版三种版本。其中，基础版包含卫星导航仿真的基本功能，为免费软件；专业版是基础版的升级版本，提供一些专业高级功能，为付费软件；定制版是根据科研机构需要而量身打造的个性化版本。各研究机构或个人可根据需要选择合适的版本。

1）BDSim 软件主要功能

（1）多系统数据仿真与处理

BDSim 软件支持多卫星导航系统空间段、地面段、用户段以及环境段的并行数据仿真与处理功能。

①空间段

（ⅰ）多系统仿真：多个卫星导航系统星座并行仿真功能。

（ⅱ）系统级仿真：星座构型、星间组网（专业版以上）仿真功能。

（ⅲ）平台级仿真：卫星轨道、姿态、钟差仿真功能。

（ⅳ）载荷级仿真（专业版以上）：自主运行功能仿真。

②地面段

（ⅰ）多系统仿真：支持 BDS、GPS、GLONASS、GALILEO 等全球多个卫星导航系统地面段并行仿真。

（ⅱ）地面段主控站仿真功能：

a. 导航电文参数信息（16/18 星历参数拟合、钟差参数、电离层 8 参数、电离层 9 参数、电离层格网数据）仿真功能。

b.（专业版以上）利用地面站各类观测数据进行定轨（kalman 滤波实时算法和最小二乘批处理算法两种）、时间同步计算（最小二乘法）和电离层延迟（实测数据双频解算）解算功能。

（ⅲ）地面段注入站仿真功能：

注入站各类观测数据仿真：L 波段星地上下行双向观测数据、C 波段站间双向观测数据仿真功能。

（ⅳ）地面段监测站仿真功能：

监测站各类观测数据仿真，包括 L 波段下行伪距、载波相位、多普勒频移仿真功能。

（ⅴ）地面段锚固站仿真功能：

（专业版以上）锚固站观测数据仿真：Ka 波段星地上下行双向观测数据仿真功能。

③用户段

（ⅰ）用户仿真功能：用户轨迹与姿态仿真、接收机观测数据仿真（考虑接收机安装、相位中心偏移等终端相关的误差以及空间传播误差、钟差、相对论效应等）。

（ⅱ）用户绝对定位功能：针对静态、动态用户，至少提供加权最小二乘法与经典 Kalman 滤波两种定位算法。

（ⅲ）用户实时动态定位功能（专业版）：RTK、PPP 等。

（ⅳ）高精度事后处理功能（定制版）：短基线、中长基线、长基线处理等。

（ⅴ）低轨卫星导航仿真功能（定制版）：利用星载接收机进行导航。

④环境段

（ⅰ）天体物理环境：地球引力场、日月行星运动、太阳光压、地球潮汐运动、地球自转、大气阻力等。

（ⅱ）空间环境仿真：电离层延迟、对流层延迟、多路径效应等仿真功能。

（ⅲ）地面环境仿真：地面气象条件仿真。

（ⅳ）具备典型应用环境仿真（专业版以上）：城市、乡村、山地、海洋、湖泊等仿真功能。

（2）性能指标分析与评估

①系统性能指标体系分析与评估功能

系统精度、完好性、连续性、可用性等分析与评估功能。

②地面控制段性能评估

（ⅰ）定轨精度、时间同步精度、电离层格网精度等分析与评估功能。

（ⅱ）导航电文星历、钟差、电离层延迟改正参数精度等分析与评估功能。

③用户导航定位授时性能分析与评估功能

（ⅰ）伪距、载波相位测量精度分析。

（ⅱ）用户 PVT（定位、定速、授时）精度分析与评估功能。

④数据分析与可视化功能

（ⅰ）对数据进行图、文、报、表等多种形式的分析与可视化。

（ⅱ）数据的 3D 和 2D 图形可视化。

⑤卫星自主导航精度评估（专业版以上）

（ⅰ）低轨卫星定轨精度分析与评估。

（ⅱ）基于星间链路的自主导航精度分析与评估。

（3）外部接口功能

BDSim 具有与其他软件或数据的兼容接口，主要有以下几类：

①与常用导航数据处理软件（Bernese、Gamit 等大型数据处理软件）数据兼容功能：能够在 Bernese、Gamit 中用 BDSim 数据进行高精度数据处理。

②与实测数据的接口功能：能够用实测数据进行加工后仿真，如通过读取 Rinex 格式数据进行星座轨道仿真、钟差仿真、观测数据仿真等。

③与第三方软件交互功能：通过与 STK、MATLAB 等常用软件进行通信，进行数据的三维显示和分析等。

2）BDSim 模块组成

BDSim 软件包含仿真、仿真场景及模型参数配置、仿真控制、系统消息报告、数据分析与评估、模型加载与验证、数据导入导出七个模块，其中数据分析与评估模块、模型加载与验证模块为专业版及以上版本功能，基础版本不提供这两个模块的功能。

各模块之间关联结构如图 6.13 所示。

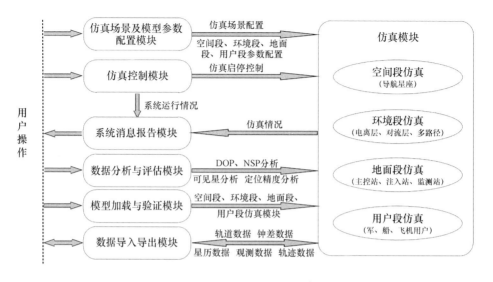

图 6.13 BDSim **软件模块结构图**

（1）仿真模块

BDSim 软件可以实现全球卫星导航系统全系统的仿真功能，仿真模块主要实现以下四类仿真：

①空间段仿真：可实现对全球卫星导航系统的全星座仿真。

②环境段仿真：可实现对空间环境、天文环境、地理环境的仿真。

③地面段仿真：可实现对主控站、监测站、注入站及锚固站四种类型控制站的仿真。

④用户段仿真：可实现车、船、飞机等多种类型的用户仿真。

（2）仿真场景及模型参数配置模块

①仿真场景配置

BDSim 提供了 GNSS 仿真功能，包括空间段、环境段、地面段和用户段四个段的仿真，针对每个段，用户都可根据自己的需要对仿真场景进行灵活配置，可配置内容如下：

（ⅰ）整体配置：仿真时间段以及仿真步长的设置。

（ⅱ）空间段：导航星座配置，主要是轨道参数、钟差参数等。

（ⅲ）环境段：是否启用环境段影响参数的开关；日月位置计算；对电离层、对流层、多路径各模型类型的配置。

（ⅳ）地面段：可对主控站、监测站、注入站和锚固站四种类型的控制站进行场景仿真配置，可配置的参数主要为接收机参数、钟差参数和控制参数。

（ⅴ）用户段：配置车、船、飞机等多种类型的用户，可配置的参数有接收机参数、钟差参数和控制参数。

②模型参数配置

配置好仿真场景、设定好各仿真模型类型后，需对其模型参数进行设置。BDSim 提供了全面的模型参数设置接口，用户可根据自身需求灵活配置各模型参数，可配置参数如下：

（ⅰ）空间段：可配置参数有单颗卫星的卫星初始位置、速度、卫星钟差及导航星座中卫星总数、轨道面个数、相位参数、种子卫星历元、种子卫星轨道等。

（ⅱ）环境段：不同的环境误差仿真模型所需模型参数不同，用户可根据所选模型设定相应的模型参数。

（ⅲ）地面段：可设置各站点位置等信息。

（ⅳ）用户段：可根据用户类型配置，设定用户初始位置及运动状态。

（3）仿真控制模块

当场景建好以及参数配置完成后，即可运行仿真，BDSim 提供专门的仿真控制功能，主要控制功能如下：

①　启动数据仿真：对场景信息进行初始化，对仿真的一些必要信息进行初始化计算，并将仿真信息写入内存，以增强仿真运行效果。初始化时长与仿真时长、系统步长、星历拟合仿真开关以及观测数据生成仿真开关有关，当以上两个开关都打开时，初始化时间会增长。

②　开始仿真：控制仿真开始运行。

③　暂停仿真：控制暂停仿真。

④　结束仿真：仿真运行过程中或暂停过程中，手动结束仿真。

⑤　加速/减速仿真：加速仿真运行或减速仿真运行。

通过以上仿真控制功能，用户可灵活控制仿真运行。

（4）系统消息报告模块

BDSim 提供系统消息报告模块，显示各阶段的系统消息内容。具体包括消息类型、消息来源、消息内容、仿真时间及系统时间，用户可以依据系统消息显示栏及时了解掌握仿真系统的运行情况。

（5）数据分析与评估模块

数据分析与评估模块对 BDSim 所产生的数据进行可靠性验证，并用简洁友好的图形方式予以展现。

观测数据分析与评估大致步骤如下：

①利用 BDSim 模拟产生卫星星历，计算出卫星位置；

②将所得卫星位置和伪距观测数据相结合解算出接收机位置；

③将用户输入的接收机理想位置与其解算位置相比对，并给出比对结果，展现定位精度。

（6）模型加载与验证模块

BDSim 除自带仿真模型供选择使用外，还可以加载自有仿真模型。利用模型加载与验证模块，用户可将自有仿真模型嵌入 BDSim 中，打造出个人特色浓厚的 BDSim 专属版。此外，该模块预留了多种模型加载接口，为 BDSim 之后的升级、换代、优化提供了便利。

（7）数据导入导出模块

BDSim 软件中的数据信息支持导入导出功能，主要支持数据有以下几类：

①支持导入的数据：SP3 数据、导航电文、用户轨迹数据。

②支持导出的数据：空间段数据（轨道数据、钟差数据）、地面控制段数据（星历数据、钟差数据、观测数据）、用户段数据（钟差数据、观测数据、轨迹数据）。

数据导入功能增强了 BDSim 的规范性、外部扩展性及实用性，如在星座设计环节用户可利用相关机构提供的标准精密星历文件（SP3）或导航电文文件生成卫星等；数据导出功能支持 BDSim 用户根据需要自由导出轨道、钟差、星历等仿真数据，可方便地将所得数据用于接收机测试及导航定位研究等，使软件价值得到了更好地体现。

3）BDSim 应用领域

BDSim 作为一款卫星导航领域的软件，主要有卫星导航系统级仿真，设计、分析与评估，数据处理，算法与模型验证四个方面的应用，如图 6.14 所示。

（1）在卫星导航系统级仿真中的应用

BDSim 作为卫星导航系统级仿真软件具备空间段、地面段、用户段和环境段等多系统、全系统并行仿真的能力；可以生成轨道、钟差、电离层和各类观测数据，具备数据仿真能力。

（2）在卫星导航设计、分析与评估中的应用

①导航星座设计：可通过星座构型对导航系统性能指标的影响进行分析。

②地面站布局设计：可通过地面站布局对导航星座定轨精度的影响进行分析。

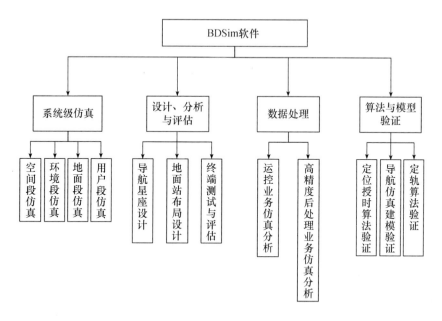

图 6.14　BDSim 应用领域

③终端测试与评估：通过对各种场景的构建和误差控制，形成满足接收机终端测试与评估需求的场景。

（3）在卫星导航数据处理中的应用

①利用观测数据进行运控业务仿真分析：通过设计场景，生成观测数据，用于主控站定轨、时间同步、电离层延迟解算等仿真分析。

②利用观测数据进行高精度后处理业务仿真分析（定制版）：通过设计场景，生成观测数据，用于 Bernese、Gamit 软件的短基线、中长基线的解算等仿真分析。

（4）在卫星导航算法与模型验证中的应用

用户通过构建满足 BDSim 模型接口规范的算法和模型，即可将 BDSim 作为算法和模型验证的平台，重点支持以下功能：

①BDSim 在用户导航定位与授时算法研究方面的验证支持作用

定位算法研究支持：用户建立新的导航算法，将模型加载到 BDSim 中进行定位，并与其他方法进行定位效果的比较。可以考虑最小二乘法、经典 Kalman 滤波、抗差滤波、自适应滤波、粒子滤波等相互之间进行比对。同理该方法可应用于用户定速与授时等。

②BDSim 在卫星导航仿真建模研究方面的验证支持作用

环境仿真模型支持：用户建立一种新的电离层仿真模型，替换 BDSim 原有模型并进行仿真，将仿真结果与 CODE 模型、实测数据等进行比对。可以考虑改进低阶球模型与 Klobuchar 模型、CODE 高阶球模型、IGS 实测数据等进行比对。同理该方法可应用于对流层、多路径等。

新类型观测数据仿真模型支持：用户在 BDSim 中自定义一种观测数据类型，并将模型加载到 BDSim 中进行仿真，通过合理的正确性验证方法，验证该数据的正确性。可以考虑用户增加激光观测数据仿真类型，然后通过星地时间同步解算，验证该类型数据仿真结果的有效性。

③BDSim 在定轨算法研究方面的验证支持作用（专业版本以上）

地面定轨研究支持：软件可为地面定轨验证提供所需的仿真数据，同时，支持用户二次开发，可将定轨算法集成到 BDSim 平台进行算法验证和结果评估。

自主定轨研究支持：软件可为自主定轨验证提供所需的仿真数据，同时，支持用户二次开发，可将定轨算法集成到 BDSim 平台进行算法验证和结果评估。

2. BDSim 在单点静态定位精度评定中的应用

基于 BDSim 仿真实验平台，了解卫星导航系统的组成，学习卫星导航接收机的定位原理及流程，掌握卫星导航接收机的定位解算方法，再根据卫星位置和相应的观测数据解算用户接收机位置，实现单点静态定位，并进行精度评定。

1）原理认知

根据三球交会原理，用户只需要观测三颗导航卫星即可实现定位；但由于伪距中包含的接收机钟差也是未知的，因而与接收机的三维位置一起，构成 4 个未知数，因此，需要增加一个观测方程，才能进行定位。即：至少观测 4 颗卫星，才能实现用户（接收机）的定位。

使用不同的导航系统实现接收机定位解算的方法和流程是一致的，只存在电离层延迟改正模型、星历参数等方面的区别。在实际定位过程中，根据观测数据的类型、接收到的导航电文选择相应的模型，即可完成定位。

2）数据准备 – 采集 NMEA 语句

首先，在"接收机配置"板块中，在 COM 端口可用的情况下（不可用可以点击右侧刷新按钮），波特率选择默认配置，选择本次实验使用的卫星导航系统类型（BD 或 GPS），点击"采集数据"按钮，采集用户接收机与可见星的观测数据、与观测数据匹配的卫星的星历 16 参数、钟差数据、电离层数据，如图 6.15 所示。

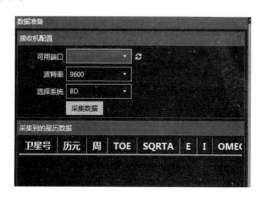

图 6.15　数据准备界面

系统默认采集 120 s 的数据，可以中途停止采集数据，系统会自动读取停止前已采集到的所有数据。

在"观测数据"框中记录观测时刻及对应的可见星数，单击某一行即选择该时刻的数据作为实验数据。

在"观测数据"框中选择解算时刻后，该时刻的数据将自动显示在"实验数据"框中。点击"保存实验数据"按钮，可将实验数据保存成".txt"文件。

3）编写接收机定位函数

编写函数代码如图 6.16 所示。

根据可见星的位置、接收机的位置（初始位置或某次迭代后的位置）可获得雅可比矩阵 G，根据可见星的伪距观测值，接收机至可见星的几何距离，电离层、对流层、卫星钟差等延迟修正量可获得矩阵 L，采用最小二乘法获得接收机位置的修正量（Δx，Δy，Δz）。若修正量的长度不小于设定的门限值，则利用修正量修正接收机的位置后重新计算修正量，直至获得满足精度要求的接收机定位结果。

```
int PonitPositioning(PPositionning_Input pParamInput,PPositionning_Output *pProcessOutput)
{
    int i=0,k=0;                       //循环变量定义
    double G[50][4]={0};               //定位解算的系数阵-雅可比矩阵
    double GT[4][50]={0};              //G阵的转置
    double GTG[4][4]={0};
    double GTGInv[4][4]={0};
    double GTGInvGT[4][50]={0};
    double Delt[4]={0,0,0,0};          //改正量
    int    MaxI_G=50;                  //系数阵的最大行数
    double LK[50]={0};                 //定位解算的自由项
    double SatECFPos[3]={0.0},SatECFVel[3]={0.0};

    int I_G=0;                         //系数矩阵行数
    double DeltT=0;                    //卫星钟差

    double Freq[3];
    Freq[0]=pParamInput.Freq[0];      //(MHz)
    Freq[1]=pParamInput.Freq[1];      //(MHz)
    Freq[2]=pParamInput.Freq[2];      //(MHz)

    double UPos[10]={0.0};
    double UDelt=0.0;

    for(k=0;k<3;k++)
    {
        UPos[k]=pParamInput.ReceiverPos[k];
    }

    double RotateDel[20]={0};
    double DelIon[20]={0};
    double DeltTro[20]={0};
    double DeltOff[20]={0};
    double DeltRel[20]={0};
    double TempIon[20]={0};
    double EquClock[20]={0};

    int DoNum=0;//迭代计算的次数
    //将粗量历转为周+周内秒
    WnSec wnsec;
    EpochTime utctime=pParamInput.CurTime;
    CAL2UTC(&utctime,1);

    int Flag=1;
    double GM;
    double DOTOMEGAE;
```

图 6.16 接收机定位函数编写

4）主函数变量赋值及函数调用

主函数变量赋值及函数调用代码如图 6.17 所示。

在主函数中定义接收机定位解算的输入参数，并使用数据采集步骤中采集到的可见星的信息对其进行赋值。

在主函数中定义接收定位解算的控制参数变量，并根据是否进行电离层、对流层等延迟修正对变量赋值。

调用编写的根据可见星信息解算接收机位置的函数，计算输出观测数据生成时刻的接收机位置。

```
PointPos.h    PointPos.cpp  ×
全局范围                                              ▼  ● _tmain(int argc, _TCHAR * argv[])
□ int _tmain(int argc, _TCHAR* argv[])
  {
    int NavCount=0;

    PPositionning_Input input;
    PPositionning_Output output;
    //变量赋值
    input.SatType=type_CGCS2000;
    input.Freq[0]=1561.098

    //文件中存储的时间为GPS时,需转换为BD时
    EpochTime gpst=EpochTime(2019,3,22,3,2,56.991,0);
    EpochTime bdt,utct;
    CAL2UTC(&gpst,1);
    GPST2UTC(gpst.JD,&utct.JD,37);
    UTC2BDT(utct.JD,&bdt.JD,37);
    CAL2UTC(&bdt,2);
    input.CurTime=bdt;

    Ephemeris_16 eph;
    ClkErrFitMsg satclkerr;
    int prn;
    char sys;
    double pseudo;
    double wn;
    FILE *fp;
    fp=fopen("...\\PointPos\\bddata.txt","r");//读取保存的文件
    char  onelinestring[500];
    for(int i=0;i<6;i++)//保存的文件中观测数据上面的行数
      fgets(onelinestring,500,fp);

    for(int i=0;i<14;i++)
    {
      fgets(onelinestring,500,fp);
      sscanf(onelinestring,"%c%d %lf",&sys,&prn,&pseudo);
      //input.ObsSatInfo[i].SatObs.SatID=prn;
      //input.ObsSatInfo[i].SatObs.Code_Pseudo[0]=pseudo;//伪距赋值
    }
    fgets(onelinestring,500,fp);
    char type;
    for(int i=0;i<4;i++)
    {
      fgets(onelinestring,500,fp);
      sscanf(onelinestring,"%4d-%2d-%2d %2d:%2d:%lf %c %2d %lf %lf %lf %lf %lf %lf %lf %lf %lf:",
             &eph.t.Year,&eph.t.Mon,&eph.t.Day,&eph.t.Hour,&eph.t.Min,&eph.t.Sec,
             &type,&prn,&wn,&eph.toe,&eph.sqrtA,&eph.e,&eph.i,&eph.omega0,&eph.w,&eph.m,
             &eph.deltaN,&eph.omegaDot,&eph.idot,
```

图 6.17　主函数变量赋值及函数调用

5）结果验证，评定定位精度

在主函数中定义及单击"结果验证"按钮，查看参考答案，验证实验结果，如图 6.18 所示。

图 6.18　结果验证

3. BDSim 在卫星导航定位系统距离测量与定位中的应用

基于 BDSim 仿真实验平台，通过"仿真实验指导书"学习其中卫星导航定位系统距离测量与定位原理部分内容，了解仿真实验平台的组成和使用环境。熟悉北斗导航定位接收机仿真平台的操作方法，掌握通过采集卫星数据进行距离和位置解算的方法。操作北斗导航接收机进行实际的卫星数据接收，编写 MATLAB 程序对数据进行处理，结合北斗导航定位接收机仿真平台，解算实际距离和位置，通过仿真和实测，分析误差来源和误差结果。

Step 1　登陆 BDSim 仿真实验平台，获取"仿真实验指导书"，学习其中 BDS 测距、测速、定位、授时原理部分内容，了解仿真实验平台的组成和使用环境。可进行新建仿真场景、打开仿真场景、打开教学 DEMO、退出等操作，如图 6.19 所示。首先根据引导建立仿真场景。

图 6.19　BDSim 软件界面

在仿真场景中"空间段"图标上方，右键选择"导入星座—导入已有星座—BD"选取 BD 3 号系统，如图 6.20 所示。

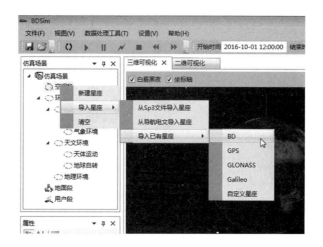

图 6.20　选取 BD 3 号系统

Step 2　打开已有的仿真场景，如图 6.21 所示。

图 6.21　打开已有的仿真场景

Step 3　【保存场景】，保存当前的仿真场景到本地电脑，如图 6.22 所示。

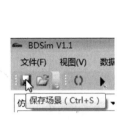

图 6.22　保存仿真场景

Step 4　仿真运行。

运行主窗口默认显示"二维可视化"界面,仿真运行时,对接收机监控、卫星轨道的监控、控制段和用户段的数据预览等功能,也在此主窗口显示,如图 6.23 所示。

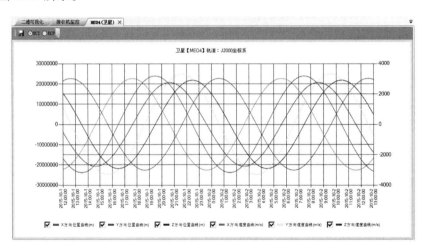

图 6.23　仿真窗口

【数据报告】:可选择星历数据、轨道数据、钟差数据、观测数据、轨迹数据等进行预览查看,分别如图 6.24、图 6.25、图 6.26、图 6.27 所示。

BDSim_Satellite1_ECF.txt

1 2016-10-01 12:00:00.000	-12993010.491521	23106026.740751
2 2016-10-01 12:01:00.000	-13007673.518411	23096709.465437
3 2016-10-01 12:02:00.000	-13021670.083305	23086180.685053
4 2016-10-01 12:03:00.000	-13035010.001901	23074435.221777
5 2016-10-01 12:04:00.000	-13047703.172366	23061468.055704
6 2016-10-01 12:05:00.000	-13059759.574728	23047274.325100
7 2016-10-01 12:06:00.000	-13071189.200027	23031849.366463
8 2016-10-01 12:07:00.000	-13082002.319696	23015188.561539
9 2016-10-01 12:08:00.000	-13092209.077713	22997287.568402
10 2016-10-01 12:09:00.000	-13101819.758369	22978142.169424
11 2016-10-01 12:10:00.000	-13110844.717671	22957748.309876
12 2016-10-01 12:11:00.000	-13119294.380815	22936102.099055
13 2016-10-01 12:12:00.000	-13127179.239467	22913199.811483
14 2016-10-01 12:13:00.000	-13134509.851553	22889037.886648
15 2016-10-01 12:14:00.000	-13141296.837019	22863612.931007
16 2016-10-01 12:15:00.000	-13147550.876766	22836921.718145
17 2016-10-01 12:16:00.000	-13153282.711552	22808961.188906
18 2016-10-01 12:17:00.000	-13158503.070951	22779728.491901
19 2016-10-01 12:18:00.000	-13163222.940344	22749220.828774
20 2016-10-01 12:19:00.000	-13167453.157100	22717435.686675
21 2016-10-01 12:20:00.000	-13171204.675411	22684370.684840
22 2016-10-01 12:21:00.000	-13174488.498268	22650023.613149
23 2016-10-01 12:22:00.000	-13177315.674831	22614392.432948
24 2016-10-01 12:23:00.000	-13179697.297951	22577475.277742
25 2016-10-01 12:24:00.000	-13181644.502192	22539270.453577
26 2016-10-01 12:25:00.000	-13183168.462654	22499776.438911
27 2016-10-01 12:26:00.000	-13184280.391657	22458991.885697
28 2016-10-01 12:27:00.000	-13184991.535762	22416915.620256

33731.413375	-249.992960	-145.222111	3182.340042
224668.154239	-238.803940	-165.369845	3182.176398
415587.721146	-227.777806	-185.605180	3181.767580
606475.404449	-216.915960	-205.925499	3181.113619
797316.497017	-206.219770	-226.328167	3180.214566
988096.295389	-195.690574	-246.810535	3179.070492
1178800.100920	-185.329677	-267.369934	3177.681488
1369413.220970	-175.138347	-288.003684	3176.047662
1559920.970003	-165.117823	-308.709085	3174.169144
1750308.670780	-155.269308	-329.483426	3172.046080
1940561.655494	-145.593973	-350.323980	3169.678638
2130665.266929	-136.092953	-371.228005	3167.067004
2320604.859607	-126.767351	-392.192749	3164.211382
2510365.800938	-117.618234	-413.215443	3161.111998
2699933.472367	-108.646636	-434.293309	3157.769095
2889293.270524	-99.853554	-455.423555	3154.182935
3078430.608367	-91.239952	-476.603378	3150.353800
3267330.916318	-82.806762	-497.829964	3146.281991
3455979.663444	-74.554872	-519.100488	3141.967827
3644362.258542	-66.485143	-540.412117	3137.411648
3832464.251315	-58.598399	-561.762005	3132.613812
4020271.133503	-50.895425	-583.147300	3127.576694
4207768.440017	-43.376974	-604.565138	3122.294691
4394941.730072	-36.043761	-626.012651	3116.774217
4581776.588323	-28.896467	-647.486960	3111.013705
4768258.625991	-21.935735	-668.985180	3105.013608
4954373.481995	-15.162173	-690.504420	3098.774397
5140106.824069	-8.576353	-712.041781	3092.296561

图 6.24　空间段数据报告——轨道数据

BDSim_BD_GEO1.txt

1 2016-10-01 12:00:00.000	0.000471252016723
2 2016-10-01 12:01:00.000	0.000471252173610836
3 2016-10-01 12:02:00.000	0.000471252330498672
4 2016-10-01 12:03:00.000	0.000471252487386508
5 2016-10-01 12:04:00.000	0.000471252644274344
6 2016-10-01 12:05:00.000	0.00047125280116218
7 2016-10-01 12:06:00.000	0.000471252958050016
8 2016-10-01 12:07:00.000	0.000471253114937852
9 2016-10-01 12:08:00.000	0.000471253271825689
10 2016-10-01 12:09:00.000	0.000471253428713525
11 2016-10-01 12:10:00.000	0.000471253585601361
12 2016-10-01 12:11:00.000	0.000471253742489197
13 2016-10-01 12:12:00.000	0.000471253899377033
14 2016-10-01 12:13:00.000	0.000471254056264869
15 2016-10-01 12:14:00.000	0.000471254213152705
16 2016-10-01 12:15:00.000	0.000471254370040541
17 2016-10-01 12:16:00.000	0.000471254526928377
18 2016-10-01 12:17:00.000	0.000471254683816213
19 2016-10-01 12:18:00.000	0.000471254840704049
20 2016-10-01 12:19:00.000	0.000471254997591885
21 2016-10-01 12:20:00.000	0.000471255154479721
22 2016-10-01 12:21:00.000	0.000471255311367557
23 2016-10-01 12:22:00.000	0.000471255468255393
24 2016-10-01 12:23:00.000	0.000471255625143229
25 2016-10-01 12:24:00.000	0.000471255782031065
26 2016-10-01 12:25:00.000	0.000471255938918901

图 6.25　空间段数据报告——钟差数据

1号接收机观测数据.txt

1	2016	10	1 12	0	0	5	24137689.6883513	125691284.164484	
2	2016	10	1 12	0	0	6	22605395.4373819	117712221.769927	
3	2016	10	1 12	0	0	7	24027062.9518353	125115221.646269	
4	2016	10	1 12	0	0	11	23241018.7254412	121022080.675471	
5	2016	10	1 12	0	0	12	22689465.9469383	118150001.905536	
6	2016	10	1 12	0	0	13	25005004.018477	130207615.782194	
7	2016	10	1 12	0	0	17	21201589.9120665	110402241.387184	
8	2016	10	1 12	0	0	23	24039568.9211562	125180344.645326	
9	2016	10	1 12	0	0	24	20434116.6385986	106405807.975393	
10	2016	10	1 12	1	0	5	24134040.5382321	125672285.945994	
11	2016	10	1 12	1	0	6	22618401.9086017	117779950.275016	
12	2016	10	1 12	1	0	7	24048094.61391	125224737.994766	
13	2016	10	1 12	1	0	11	23220095.3907509	120913129.233069	
14	2016	10	1 12	1	0	12	22681478.6119119	118108408.118874	
15	2016	10	1 12	1	0	13	25014149.5139524	130255241.047995	
16	2016	10	1 12	1	0	17	21226860.550391	110533832.589292	
17	2016	10	1 12	1	0	23	24001004.6652503	124979528.679127	
18	2016	10	1 12	1	0	24	20420599.2932415	106335419.122856	
19	2016	10	1 12	2	0	5	24130562.7775164	125654172.244671	
20	2016	10	1 12	2	0	6	22631426.2673275	117847776.39621	
21	2016	10	1 12	2	0	7	24068972.0260088	125333453.501831	
22	2016	10	1 12	2	0	11	23199073.7869098	120803666.854258	
23	2016	10	1 12	2	0	12	22673587.7537597	118067319.952261	
24	2016	10	1 12	2	0	13	25023494.0049482	130303902.505302	

图 6.26　用户段数据报告——观测数据

汽车用户:轨迹数据.txt

1	2016 10	1 12	0	1	-2764171.62091663	4787685.68826757	3170423.73538364	2.50000000000002	-4.33012701892219	8.66025403784438
2	2016 10	1 12	0	2	-2764171.47091661	4787685.42845992	3170424.25499887	2.50000040950072	-4.33012772741877	8.66025356551328
3	2016 10	1 12	0	4	-2764171.32091658	4787685.16865223	3170424.77461407	2.50000081810139	-4.33012843591532	8.66025309318209
4	2016 10	1 12	0	4	-2764171.17091652	4787684.90884451	3170425.29422924	2.50000122715204	-4.33012914441183	8.66025262085082
5	2016 10	1 12	0	6	-2764171.02091643	4787684.64903674	3170425.81384439	2.50000163620267	-4.33012985290183	8.66025214851948
6	2016 10	1 12	0	6	-2764170.87091633	4787684.38922893	3170426.3334595	2.50000204525328	-4.33013056140474	8.66025167618806
7	2016 10	1 12	0	7	-2764170.72091619	4787684.12942107	3170426.85307459	2.5000024543387	-4.33013126990013	8.66025120385656
8	2016 10	1 12	0	8	-2764170.57091603	4787683.86961317	3170427.37268965	2.50000286335443	-4.33013197839749	8.66025073152499
9	2016 10	1 12	0	9	-2764170.42091584	4787683.60980524	3170427.89230468	2.50000327240496	-4.33013268689381	8.66025025919334
10	2016 10	1 12	0	11	-2764170.27091563	4787683.34999725	3170428.41191968	2.50000368145548	-4.33013339539008	8.66024978686161
11	2016 10	1 12	0	11	-2764170.1209154	4787683.09018923	3170428.93153465	2.50000409050598	-4.33013410388632	8.66024931452981
12	2016 10	1 12	0	12	-2764169.97091515	4787682.83038116	3170429.4511496	2.50000449955645	-4.33013481238252	8.66024884219792
13	2016 10	1 12	0	13	-2764169.82091486	4787682.57057305	3170429.97076451	2.50000490860689	-4.33013552087868	8.66024836986597
14	2016 10	1 12	0	14	-2764169.67091456	4787682.3107649	3170430.4903794	2.50000531765732	-4.3301362293748	8.66024789753393
15	2016 10	1 12	0	15	-2764169.52091423	4787682.0509567	3170430.10999426	2.50000572670773	-4.33013694787088	8.66024742520182
16	2016 10	1 12	0	17	-2764169.37091387	4787681.79114847	3170431.52960909	2.50000613575811	-4.33013764636692	8.66024695286963
17	2016 10	1 12	0	18	-2764169.22091349	4787681.53134019	3170432.0492239	2.50000654480846	-4.33013835486293	8.66024648053737
18	2016 10	1 12	0	18	-2764169.07091308	4787681.27153187	3170432.56883867	2.5000069538588	-4.33013906335889	8.66024600820503
19	2016 10	1 12	0	20	-2764168.92091265	4787681.0117235	3170433.08845342	2.50000736290911	-4.33013977185482	8.66024553587261
20	2016 10	1 12	0	20	-2764168.7709122	4787680.75191509	3170433.60806814	2.5000077719594	-4.3301404803507	8.66024506354011
21	2016 10	1 12	0	21	-2764168.62091172	4787680.49210664	3170434.12768283	2.50000818100967	-4.33014118884654	8.66024459120754
22	2016 10	1 12	0	22	-2764168.47091122	4787680.23229816	3170434.64729749	2.50000859005991	-4.33014189734235	8.66024411887489
23	2016 10	1 12	0	23	-2764168.3209107	4787679.97248962	3170435.16691212	2.50000899911014	-4.33014260583812	8.66024364654216
24	2016 10	1 12	0	24	-2764168.17091014	4787679.71268104	3170435.68652673	2.50000940816034	-4.33014331433385	8.66024317420935
25	2016 10	1 12	0	25	-2764168.02090956	4787679.45287242	3170436.2061413	2.50000981721051	-4.33014402282953	8.66024270187647

图 6.27　用户段数据报告——轨迹数据

Step 5　【导出仿真数据】，将仿真数据导出到本地电脑，可选择 Rinex 格式和数据文本格式，如图 6.28 所示。再编写 MATLAB 程序解算距离。

图 6.28　导出仿真数据

第7章 设计性实验程序与实验报告撰写

7.1 设计性实验程序

设计性实验是指给定实验目的、要求和条件,在教师的指导下,由学生自行设计实验方案、选择实验方法和实验仪器,拟定实验步骤,加以实现,并对实验结果进行分析处理的实验。设计性实验相当于工程设计的模拟训练,在规模、难度上类似于一个微型科研项目,是对学生思维能力的高层次要求,要求学生运用所学知识和一定的实验技能,通过分析、综合、推理、联想、想象等多种思维活动设计出实验的具体方案,并用实验加以验证。作为提高学生独立分析问题和解决工程实际问题能力的一种有效途径,设计性实验被认为是培养学生创新意识和创新能力的一种有效模式,在各高校中普遍受到重视。

设计性实验的一般程序包括:明确实验任务和目的;分析实验原理;设计实验方案和选择仪器设备;拟定实验步骤;实验操作、观察收集数据;实验数据分析处理;撰写实验报告。整个实验过程可分为实验准备、实验操作、实验报告撰写与答辩三个阶段。

1. 实验准备

实验前的认真准备,是做好设计性实验的关键所在。如果说做验证性实验时可以临时抱书本、看一步做一步、照葫芦画瓢地进行的话,那么对设计性实验,假如没有事前的认真准备,将一事无成。只有做好预习,才能打有准备之战,在有限的时间内做好实验,得到较大的收获。在实验前要仔细阅读实验指导教材,明确实验目的、任务,查找并认真阅读、理解有关资料,制定实验方案,写出预习报告。预习报告应括以下内容:

1)实验目的、任务。扼要说明本实验的任务和目的,明确该实验所要解决的中心问题。

2）实验原理。简要阐述实验所依据的学科理论知识，附以必要的原理图。

3）实验仪器和材料。说明实验中要用到仪器的型号、规格以及实验所需的实验材料。

4）实验方案、方法。要求写出不同方法（方案）及其比较，最终确定一种最佳方案。

5）选择仪器设备。查找和阅读各种参考资料，根据实验要求，自行选择实验仪器，了解实验仪器的结构、使用方法、注意事项等。记录所用仪器、材料的规格或型号、数量等。

6）拟定实验步骤或操作程序。

7）数据表格。设计好测量数据记录表格，以便实验中即时填写。

在拟定实验设计方案期间，如遇到问题可以到实验室咨询和做实验加以验证等。

2. 实验操作

此阶段自己动手实验，记录实验现象和数据，研究实验过程中发现的问题，排除可能出现的故障。学生进入实验室后应遵守实验室规则，像一个科学工作者一样要求自己，井井有条地布置仪器、工具，精心操作，细心观察实验现象，认真记录实验数据。在实验中要有耐心、恒心，不要期待实验工作一帆风顺，在遇到问题时，要冷静地分析和处理。遇到问题是学习的良机，分析和解决问题的过程也是自己能力、知识的提高和升华过程。实验仪器发生故障时要在教师的指导下学习排除故障的方法。

另外，实验中要注意培养严谨的科学作风，要严肃对待实验数据，注意保持原始数据完整和清晰，实验中数据不要先记录到草纸上，然后再誊写到实验数据表格中，这样容易出错，而且，这也不是原始记录了。保存好原始数据有利于对实验现象、实验结果的分析。

总之，要通过实验提高自己的实验能力，培养科学作风，而不只是测出几个数据。实验结束时要还原仪器、整理好工具后再离开实验室。

3. 实验报告撰写与答辩

实验报告是实验工作的全面总结。撰写实验报告时，要求文字通顺，字迹端正、图表规整、结果正确、讨论深刻。

7.2 实验报告的书写

1. 实验报告的定义及作用

实验报告，就是在某项科研活动或专业学习中，实验者把实验的目的、方法、步骤、结果等，用简洁的语言写成的书面报告。

实验报告必须在科学实验的基础上进行。成功或失败的实验结果的记载，有利于不断积累研究资料，总结研究成果，提高实验者的观察能力、分析问题和解决问题的能力，培养理论联系实际的学风和实事求是的科学态度。

根据实验数据写出一份既简单扼要又内容完整的实验报告，是学生在校期间应当培养的一个很重要的技能。实验报告的质量是衡量实验者技术水平的一个重要方面。

2. 实验报告的书写规范

实验报告一般具有以下结构、格式及规范。

1）实验名称

实验名称一般写在实验报告的封面上，封面上还应注明作者及参与此实验的其他人员。实验报告提交的日期即实验完成的日期。实验名称要用最简练的语言反映实验的内容。如某产品的设计，可写成"×××设计与制作"；如测量的实验报告，可写成"×××的检测"或"×××的测试与精度分析"等。

2）实验目的、任务

要抓住重点，简明扼要地介绍实验的主要目的、任务，包括实践训练的一些基本内容。如掌握课题研究的基本方法，学会使用仪器或器材的技能技巧等。实验目的要明确具体，不要空洞泛指。

3）实验方案和实验方法、步骤

这部分是实验报告极其重要的内容，要写明依据何种原理、定律或操作方法进行实验，要写明经过哪几个步骤。还应该画出实验装置的结构示意图，再配以相应的文字说明，这样既可以节省许多其他文字说明，又能使实验报告简明扼要、清楚明白。对众所周知的基本知识无须详细说明。

4）仪器、设备和材料

在实验中所使用的仪器直接影响实验数据的可靠性和准确性，因此在实验报告中必须列出使用的仪器、电源以及其他实验装置的类型及型号。这也是为其他人员为了得到相同的实验结果重复这一实验提供条件。

5）数据记录和处理

在实验中，要认真做好记录。由于测试误差的存在，实验数据不可能完全正确。如何使实验数据更接近实际值，需要对实验数据进行处理。

（1）原始数据。实验中测到的数据、波形、现象即实验的原始数据。要认真地将原始数据记录到预习报告上，这样，既便于自己检查分析实验结果，也便于他人复现实验结果。一般用表格表示，每个数据都要注明单位。

（2）数据处理。数据处理就是对从实验中获得的原始数据进行分析，从原始数据中求出被测量的最佳估计值，并计算其准确度。在数据处理的过程中，要对测量数据进行加工、整理，并通过分析最后得出正确的科学结论，必要时，还要把测量数据绘制成曲线或归纳成经验公式；进行精度分析。

对失败的实验或实验中观测到的未知现象、超常规数据，要进行认真分析。

6）实验结果

即根据实验过程中所见到的现象和测得的数据，做出结论。

7）备注或说明

可写上实验成功或失败的原因，实验后的心得体会、建议等。

另外，实验报告又可分为预习报告和终结报告。

预习报告的主要内容包括：实验名称；实验目的；实验仪器名称、型号；实验内容及简要设计，测试用的逻辑图和主要实验步骤；预习思考题的解答。

终结报告的主要内容包括：经验证的实验原理、方案、方法、步骤等方面的总结性阐述；原始记录；经过整理的数据、曲线和图表；分析和结论。

有的实验报告采用事先设计好的表格，使用时只要逐项填写即可。

3. 实验报告撰写时应注意事项

撰写实验报告是一件非常严肃、认真的工作，要讲究科学性、准确性、求实性。在撰写过程中，应注意下几点：

1）仔细观察，及时、准确、如实记录。事后补记可能造成重要数据、现象的缺失。不能想当然地修改数据、虚构实验现象等。

2）层次清晰，说明准确。

3）语言规范，采用专业术语阐述。

4）外文、符号、公式准确，使用统一规定的名词和符号。

7.3　测量结果及其不确定度报告

1. 测量结果的报告

完整的测量结果应报告被测量的估计值及其测量不确定度，以及有关的信息。报告应尽可能详细，以便使用者可以正确地利用测量结果。

例如对某个电阻器的电阻值进行校准，在校准证书上给出电阻的校准值，同时还应该给出该校准值的扩展不确定度并注明包含因子的值。当人们在测量中使用了该已校准的电阻器时，校准值的不确定度称为其测得值的测量不确定度的一个分量，由该校准值的扩展不确定度除以包含因子可以导出标准不确定度的值。如果只给了扩展不确定度，没有给出包含因子，由于信息不全，会导致其标准不确定度的评定困难。

只有对于某些用途，如果认为测量不确定度可以忽略不计时，测量结果可表示为单个测得值，不需要报告其测量不确定度。在日常大量测量中，有时给出的测量结果可以没有明确的不确定度报告。但需要时，可根据所用的测量器具的技术指标及测量方法和测量程序估计出这种测量结果的测量不确定度。例如在商店买 500g 商品，通常情况下人们并不报告测量不确定度。但是当你怀疑其缺斤短两时，你可以由所用的秤估计其测量不确定度，然后到公平秤去再称重，如果称重结果大大超出测量不确定度所包含的范围，就可以与商家论理或要求赔偿。

1）什么时候使用合成标准不确定度

当报告测量结果时，通常在以下几种情况时报告合成标准不确定度：

（1）基础计量学研究；

（2）基本物理常量测量；

（3）复现国际单位制单位的国际比对。

合成标准不确定度可以表示测得值的分散性大小，便于测量结果间的比较。例如铯频率基准、约瑟夫森电压基准等基准所复现的量值，属于基础计量学研究的结果，它们的不确定度通常使用合成标准不确定度表示。

1986 年 CIPM（国际计量大会）决议要求所有参加由 CIPM 及其咨询委员会主持的国际比对的国家，给出测量结果时使用合成标准不确定度。但现在根据有关国际规定，某些国际比对亦可能采用 $k=2$ 的扩展不确定度。

2）什么时候使用扩展不确定度

除上述规定或有关各方约定采用合成标准不确定度外，通常在报告测量结果时都用扩展不确定度表示。尤其进行工业、商业及涉及、健康和安全方面的测量时，如果没有特殊要求，一般报告扩展不确定度 U，取 $k=2$。因为扩展不确定度可以表明被测量的值所在的区间以及在此区间内的可信程度（用包含概率表示），比较符合人们的习惯用法。

3）测量不确定度报告的内容

测量不确定度报告一般包括以下内容：

（1）被测量的测量模型；

（2）不确定度来源；

（3）各输入量的标准不确定度 $u(x_i)$ 的值及其评定方法和评定过程；

（4）灵敏系数 $c_i = \dfrac{\partial f}{\partial x_i}$；

（5）输出量的不确定度分量 $u_i(y) - |c_i|u(x_i)$，必要时给出各分量的自由度 v_i；

（6）对所有相关的输入量给出其协方差或相关系数；

（7）合成标准不确定度 u_c 及其计算过程，必要时给出有效自由度 v_{eff}；

（8）扩展不确定度 U 或 U_p 及其确定方法；

（9）报告测量结果，包括被测量的估计值及其测量不确定度，以及必要的信息。给出测量不确定度报告时，为了便于查阅，通常除文字说明外还将上述主要内容和数据列成表格。

2. 合成标准不确定度的使用要求与报告形式

1）合成标准不确定度的使用要求

当测量结果中用合成标准不确定度报告时，应：

（1）明确说明被测量 Y 的定义；

（2）给出被测量 Y 的估计值 y、合成标准不确定度 $u_c(y)$ 及其计量单位，必要时还应给出其有效自由度 v_{eff}；

（3）必要时也可给出相对合成标准不确定度 $v_{\text{eff}}(y)$。

2）合成标准不确定度的报告形式

例如，标准砝码的质量为 m_s，被测量估计值为 $100.021\,47\text{g}$，合成标准不确定度 $u_c(m_s)$ 为 0.35 mg，则报告形式可用以下 3 种形式之一：

（1）$m_s = 100.021\,47$ g；$u_c(m_s) = 0.35$ mg。

（2）$m_s = 100.021\,47\,(35)$ g，括号内的数是合成标准不确定度，其末位与前面被测量估计值的末尾数对齐。这种形式主要在公布常数或常量时使用。

（3）$m_s = 100.021\,47\,(0.000\,35)$ g，括号内的数是合成标准不确定度，与前面被测量估计值有相同计量单位。

JJF1059.1—2012 中指出，为了避免与扩展不确定度混淆，规范不使用 $m_s = (100.021\,47 \pm 0.000\,35)$ g 的形式表示被测量估计值及其合成标准不确定度，因为这种形式习惯上用于表示由扩展不确定度确定的一个包含区间。

3. 扩展不确定度的使用要求与报告形式

1）扩展不确定度的使用要求

当测量结果中用扩展不确定度报告时，应：

（1）明确说明被测量 Y 的定义；

（2）给出被测量 Y 的估计值 y 及其扩展不确定度 $U(y)$ 或 $U_p(y)$，包括计量单位；

（3）必要时可给出相对扩展不确定度 $U_{rel}(y)$ 或 $U_{prel}(y)$；

（4）对 U 应给出 k 值，对 U_p 应给出 p 和 v_{eff}。

2）扩展不确定度 U 的报告形式

例如，标准砝码的质量为 m_s，被测量估计值为 100.021 47 g，合成标准不确定度 $u_c(m_s)$ 为 0.35 mg，取包含因子 $k = 2$，$U = ku_c(y) = 2 \times 0.35$ mg $= 0.70$ mg。U 可用以下 4 种形式之一报告：

（1）$m_s = 100.021\,47$；$U = 0.70$ mg，$k = 2$。

（2）$m_s = (100.021\,47g \pm 0.000\,70)$ g，$k = 2$。

（3）$m_s = 100.021\,47\,(70)$ g，括号内为 $k = 2$ 的 U 值，其末位与前面被测量估计值的末位数对齐。

（4）$m_s = 100.021\,47\,(0.000\,70)$ g，括号内为 $k = 2$ 的 U 值，其末位与前面被测量估计值有相同的计量单位。

3）扩展不确定度 U_p 的报告形式

例如，标准砝码的质量为 m_s，被测量估计值为 100.021 47 g，合成标准不确定度 $u_c(m_s)$ 为 0.35 mg，$v_{eff} = 9$，按 $p = 95\%$，查 t 值表得 $k_p = t_{95}(9) = 2.26$，$U_{95} = 2.26 \times 0.35$ mg $= 0.79$ mg，则 U_p 可用以下 4 种形式之一报告：

（1）$m_s = 100.021\,47g$；$U_{95} = 0.79$ mg，$v_{eff} = 9$。

（2）$m_s = (100.021\,47 \pm 0.000\,79)$ g，$v_{eff} = 9$，括号内第二项为 U_{95} 的值。

（3）$m_s = 100.021\,47\,(79)$ g，$v_{eff} = 9$，括号内为 U_{95} 的值，其末位与前面

被测量估计值的末位数对齐。

（4）$m_s = 100.021\ 47\ (0.000\ 79)$ g，$v_{eff} = 9$，括号内为 U_{95} 的值，与前面被测量估计值有相同的计量单位。

在给出被测量估计值及其扩展不确定度 U_p 时，为了明确起见，推荐以下说明方式。例如，$m_s = (100.021\ 47 \pm 0.000\ 79)$ g，式中，正负号后的值为扩展不确定度 $U_{95} = k_{95}u_c$，而合成标准不确定度 $u_c(m_s) = 0.35$ mg，自由度 $v_{eff} = 9$，包含因子 $k_p = t_{95}(9) = 2.26$，从而具有包含概率为 95% 的包含区间。

4）相对扩展不确定度的报告形式

相对扩展不确定度的报告有以下几种形式：

（1）$m_s = 100.021\ 47$ g；$U = 7.0 \times 10^{-6}$，$k = 2$。

（2）$m_s = 100.021\ 47$ g；$U_{95rel} = 7.9 \times 10^{-6}$，$k_p = t_{95}(9) = 2.26$。

（3）$m_s = 100.021\ 47\ (1 \pm 7.0 \times 10^{-6})$ g，括号内第二项为相对扩展不确定度 U_{rel} 的值。

尤其要注意，不能把相对扩展不确定度报告成：$m_s = 100.021\ 47 \pm 7.9 \times 10^{-6}$ g。

相对扩展不确定度通常用下标 r 或 rel 表示。有些情况，被测量本身就是比值（无量纲的量），则其相对标准不确定度必须标注下标。

4. 被测量估计值及其测量不确定度的有效位数

测量结果的完整表达包括被测量的最佳估计值及其测量不确定度，无论是测量不确定度还是最佳估计值都不应该给出过多的位数。

（1）通常最终报告的不确定度 U 或 $u_c(y)$ 根据需要取一位或两位有效数字。也就是说，不确定度最多为两位有效数字。例如：国际上 1992 年公布的相对原子质量，给出的不确定度只有一位有效数字；1996 年公布的物理常量，给出的不确定度均是两位有效数字。

通常，当 $u_c(y)$ 和 U 的有效数字的首位为 1 或 2 时，一般应给出两位有效数字。有效位数取一位还是两位，主要取决于近似值误差限的绝对值占不确定度的比例大小。近似值误差限的绝对值是有效数字末位单位量值的一半。例如：$U = 0.1$ mm，则误差限为 ± 0.05 mm，误差限的绝对值占不确定度的比例为 50%；若取两位有效数字 $U = 0.12$ mm，则误差限为 ± 0.005 mm，误差限的绝对值占不确定度的比例仅为 4.2%。当 $U = 0.3$ mm 时，虽然误差限仍为 ± 0.05 mm，误差限的绝对值占不确定度的比例为 17%。所以首位为 1 或 2 时，如 $U = 0.1$ mm 或 0.2 mm，通常应给出两位有效数字，如 $U = 0.12$ mm 或

0. 21 mm。

　　为了在连续计算中避免修约误差导致不确定度，评定过程中的各标准不确定度 $u(x_i)$ 或标准不确定度分量 $u_i(y)$，可以适当多保留一些位数。

　　（2）在相同计量单位下，被测量的估计值应修约到其末位与不确定度的末位一致。

附录 区别度灵敏度计算子函数程序代码

```
%------------------------------------------------------------
%------------------------------------------------------------
function [gv, ch] = sub_ GV_ singleSide (dv)
%-----------------------------------------
% 判断单边距离函数"单调性"、计算单边 gv 值
%-----------------------------------------
    nv = length (dv);
    gv = max ( [dv, 0]);            % 若换为 gv = max (DV), 则最后可
求两边最小值
    ch = 1;
    if (nv > 1)
        de = diff (dv);            % 单边距离函数差分值
        sr = min (de);
        ch = (sr > 0);            % 判断"单调增"特征 (ch = 1)
        if (ch = = 1)            % 符合"单调增"条件
            gv = max (dv);            % 若换为 gv = max (DV), 则最后可
求两边最小值
        else
            ip = find (de < 0);
            np = min (ip);
    gv = min (dv (np + 1: end));
        end;
    end;
    return;
%------------------------------------------------------------
```

（续）

```
%------------------------------------------------------------

function [GVmin, mvMin, GVx, chMin] = sub_ GV_ global (DVX)
%------------------------------------------------------------
%------------------------------------------------------------
% 计算区别度 GV
%------------------------------------------------------------
    Mv = size (DVX, 1);
    GVx = zeros (Mv, 4);
    for (m = 1: Mv)
        DV = DVX (m,:);                    % 这是 m 点与其他量值点之间
的距离值（一行）
        %------------------------------------------------------------
        dv1 = DV (m - 1: -1: 1);    % 左边倒序，以便统一判断
        dv2 = DV (m + 1: end);
        [gv1, ch1] = sub_ GV_ singleSide (dv1);        % 判断左边
"单调性"、计算单边 gv 值
        [gv2, ch2] = sub_ GV_ singleSide (dv2);        % 判断右边
"单调性"、计算单边 gv 值
        %------------------------------------------------------------
        % 区别度 GV 幅值：曲线分两半，分别按单调与否分四种
情形：
        %------------------------------------------------------------
        chx = 4 - (ch1 * 2 + ch2);
        switch chx
            case 1,
                Gv = max ([gv1, gv2]);
            case 2,
                Gv = gv2;
            case 3,
                Gv = gv1;
```

（续）

```
            case 4,
                    Gv = min（［gv1，gv2］）；
            end；
            %------------------------------------------------
            GVx（m，:）=［chx，gv1，gv2，Gv］；        %结果记录
            %------------------------------------------------

        end；
         ［GVmin，mvMin］= min（GVx（:，4））；         %全局（最
小）区别度 GV
            chMin = GVx（mvMin，1）；
    %--------------------------------------------------------------
    return；
    %--------------------------------------------------------------
    %--------------------------------------------------------------
     function ［Amp，Amax，Amin，DVX，RouMax］= sub_Distance_
function（Gvxt）
    %--------------------------------------------------------------
    %--------------------------------------------------------------
    %计算信号幅度 Amp、距离函数 DVX、最大距离 RouMax
    %--------------------------------------------------------------
        Nt = size（Gvxt，1）；              %注意格式：每一列是时域采样
结果，Gvxt 的行数是 Nt
        Mv = size（Gvxt，2）；
        %--------------------------------------------------
        Amp = sqrt（sum（sum（Gvxt.^2））/Nt/Mv）；   %信号的"有效
值"幅度值
        Amax = max（max（Gvxt））；               %信号的"最高
峰"幅度值（仅用于显示）
        Amin = min（min（Gvxt））；               %信号的"最低
谷"幅度值（仅用于显示）
        %--------------------------------------------------
```

（续）

```
    DVX = zeros（Mv，Mv）；
    for（m = 1：Mv）
        gvm = Gvxt（:，m）；
        for（k = 1：Mv）
            se = Gvxt（:，k）－ gvm；
            DVX（m，k）＝ se´* se；
        end；
    end；
    DVX = sqrt（DVX. ／Nt）；
  RouMax = max（max（DVX））；        % 这是搜索距离函数的最大值
%------------------------------------------------
return；
%--------------------------------------------------------
%--------------------------------------------------------


    function［GKmin，GKM，ipGKv，ipGKM，GKx］= sub_ GK_ global
（DVX，vss，GVmin）
    %------------------------------------------------
    % 下面是计算（最小）灵敏度 GK、（最小）平均灵敏度 GKM
    % 遗留问题：GKM 在 m = 0 和 Mv 处???
    %------------------------------------------------
    Mv = size（DVX，1）；
    GKx = zeros（Mv，6）；
    for（m = 2：Mv － 1）                    % 其实可以 for（m = 2：Mv －
1），下面的程序会简单一些
        DV = DVX（m,:）；              % 这是 m 点与其他量值点之间
的距离值（一行）
        %------------------------------------------------
        dv1 = DV（m － 1：－ 1：1）；    n1 = length（dv1）；      % 左
边倒序，以便统一判断
        dv2 = DV（m ＋ 1：end）；        n2 = length（dv2）；
```

· ·

（续）

```
%--------------------------------------------------
% 单点灵敏度 gkv 计算：
%--------------------------------------------------
gk1 = dv1 (1);                          % 左边灵敏度
gk2 = dv2 (1);                          % 右边灵敏度
gkv = min ([gk1, gk2]);                 % 双边灵敏度
%--------------------------------------------------
% 单点平均灵敏度 gkm 计算：注意——首先要按 GV 高度截取
"邻域"
%--------------------------------------------------
np = find ([dv1, GVmin] > = GVmin);    np = min (np) -
1;   np = max ([np, 1]);
    gkm1 = min (dv1 (1: np) ./ (1: np));   % 左边平均灵
敏度

    np = find ([dv2, GVmin] > = GVmin);    np = min (np) -
1;   np = max ([np, 1]);
    gkm2 = min (dv2 (1: np) ./ (1: np));   % 右边平均灵
敏度

gkm = min ([gkm1, gkm2]);                        % 双边平均灵敏度
%--------------------------------------------------
    GKx (m,:) = [gk1, gk2, gkm1, gkm2, gkv, gkm];
% 结果记录
    %--------------------------------------------------
end;
 ⅴx = GKx ./ vss;
 ⁽1,:) = GKx (2,:);   GKx (Mv,:) = GKx (Mv - 1,:);
 ⱽ, ipGKv] = min (GKx (:, 5));       % 全局（最小）

       ⱽKM] = min (GKx (:, 6));       % 全局（最小）
```

（续）

```
        return；
        %----------------------------------------------------------
        %----------------------------------------------------------
        function［］= sub_ GK_ GV_ plot2（Gvxt，DVX，GVx，GKx，m）
        %----------------------------------------------------------
        % Gvxt：      测量信号在定义域 VxT 的离散格点上的值
        % DVX：       测量信号的距离函数值（对称方阵）
        % GVx：       测量信号的区别度记录值（与主程序记录格式配套）
        % GKx：       测量信号的灵敏度记录值（与主程序记录格式配套）
        % m：         值域离散格点的序号
        %----------------------------------------------------------
                        Amax = max（max（Gvxt））；    %信号的"最高峰"幅度
值（仅用于显示）
                        Amin = min（min（Gvxt））；    %信号的"最低谷"幅度
值（仅用于显示）
                        DV = DVX（m，:）；                RouMax = max（max
（DVX））；
                        dvmax = max（DV）；            Mv = length（DV）；

                        GVmin = min（GVx（:，4））； Gv = GVx（m，4）；
                        gv1 = GVx（m，2）；            gv2 = GVx（m，3）；
                        gk1 = GKx（m，1）；            gk2 = GKx（m，2）；
                        gkm1 = GKx（m，3）；            gkm2 = GKx（m，4）；
                        %------------------------------------------
                        cp1 =［gk1 *（m-1: -1: 0），gk2 *（1: Mv-m）］；
ip = find（cp1 > dvmax）；cp1（ip）= cp1（ip）*0 + dvmax；
                        cp2 =［gkm1 *（m-1: -1: 0），gkm2 *（1: Mv-
m）］；ip = find（cp2 > GVmin）；cp2（ip）= cp2（ip）*0 + GVmin；
                        cp1（1）= RouMax；
                        figure（2）；
                        subplot（3，1，2），plot（［DV；cp1；cp2］ʼ）；
        %区别度示意图
```

（续）

```
                    ssm = Gvxt（:，m）;
                    cp1 = ssm * 0 + Amax;
                    cp2 = ssm * 0 + Amin;
                     mz = min（find（DV = = Gv））;              ssz = Gvxt
（:，mz）;
      % ssz 是与 ssm 最为近似者（"远处"）;
                    mx = min（find（DV = = max（DV）））;     ssx = Gvxt
（:，mx）;
      % ssx 是与 ssm 差别最大者。
                    subplot（3，1，1），plot（[ssm，cp1，ssz，ssx，cp2]）;
% 信号示意图

                    cp1 = DV * 0 + gv1;
                    cp2 = DV * 0 + gv2;
                    cpx = DV * 0 + GVmin; cpx（1）  = RouMax;
                    subplot（3，1，3），plot（[DV; cp1; cp2; cpx]'）;
    % 灵敏度示意图

                    if（Gv = = GVmin）
                        pause;
                    else
                         ck1 = clock; A = fft（randn（1，500000））; ck = clock
 - ck1;
% 延时显示
                        pause（0.01）;
                    end;
        return;
     %--------------------------------------------
     %--------------------------------------------

   function []  = sub_ GK_ GV_ plotN（Gvxt，DVX，GVx，GKx，m）
```

（续）

```
%--------------------------------------
% Gvxt：   测量信号在定义域 VxT 的离散格点上的值
% DVX：    测量信号的距离函数值（对称方阵）
% GVx：    测量信号的区别度记录值（与主程序记录格式配套）
% GKx：    测量信号的灵敏度记录值（与主程序记录格式配套）
% m：      值域离散格点的序号
%--------------------------------------
                  Amax = max（max（Gvxt））；    %信号的"最高峰"幅度
值（仅用于显示）
                  Amin = min（min（Gvxt））；    %信号的"最低谷"幅度
值（仅用于显示）
            DV = DVX（m,:）；              RouMax = max（max
（DVX））；
            dvmax = max（DV）；          Mv = length（DV）；
            GVmin = min（GVx（:,4））；   Gv = GVx（m,4）；
            gv1 = GVx（m,2）；           gv2 = GVx（m,3）；
            gk1 = GKx（m,1）；           gk2 = GKx（m,2）；
            gkm1 = GKx（m,3）；          gkm2 = GKx（m,4）；
            %--------------------------------------
            cp1 = ［gk1*（m-1:-1:0），gk2*（1:Mv-m）］；
ip = find（cp1 > dvmax）；cp1（ip） = cp1（ip）*0 + dvmax；
            cp2 = ［gkm1*（m-1:-1:0），gkm2*（1:Mv-m）］；
ip = find（cp2 > GVmin）；cp2（ip） = cp2（ip）*0 + GVmin；
                  cp1（1） = RouMax；
            figure（2）；
            subplot（2,1,1），plot（［DV；cp1；cp2］´）；
   %区别度示意图

                  cp1 = DV*0 + gv1；
                  cp2 = DV*0 + gv2；
                  cpx = DV*0 + GVmin；cpx（1） = RouMax；
```

（续）

```
            subplot（2，1，2），plot（[DV；cp1；cp2；cpx]´）；
% 灵敏度示意图

            if（Gv = = GVmin）
        pause；
            else
                pause（0.01）；        % 延时显示
            end；
%       return；
% --------------------------------------------------------------
% -------------------------------------------------
```

参考文献

［1］ 费业泰．误差理论与数据处理［M］．7 版．北京：机械工业出版社，2017.

［2］ 林洪桦．测量误差与不确定度评估［M］．北京：机械工业出版社，2010.

［3］ 叶德培．测量不确定度理解评定与应用［M］．北京：中国计量出版社，2013.

［4］ 倪育才．实用测量不确定度评定［M］．5 版．北京：中国质检出版社，2016.

［5］ 林玉池．测控技术与仪器实践能力训练教程［M］．2 版．北京：机械工业出版社，2016.

［6］ 王光明，张玘，刘国福．测控系统工程技术［M］．北京：清华大学出版社，2012.

［7］ 刘存成，胡畅．基于 MATLAB 用蒙特卡洛法评定测量不确定度［M］．北京：中国质检出版社，2014.

［8］ 王跃科，陈建云，张传胜，等．测量原理［M］．北京：清华大学出版社，2012.